U0008294

越讀越入迷的
會計書

읽으면 읽을수록 빠져드는 회계책

權載姬◎著
金學民◎譯

高寶書版集團

序

如果了解會計，生活會更便利

　　本書是完全不懂會計的學生、上班族，和已經放棄會計的人，可以毫無負擔地閱讀的會計入門書，即使是已經踏入會計這個領域，如果想要複習，也很適合以輕鬆地心情閱讀。但如果是想要學習高級會計，則可以闔上本書。

　　雖然大家都說會計很重要，但我們一定要學會計嗎？其實就算不懂會計，我們現在不也活得好好的嗎？只是如果了解會計，我們的生活會變得更加便利，就像是開車比搭公車方便、用吸塵器打掃會更輕鬆一樣。會計也是如此。不懂沒有關係，但如果了解了，就會發現原來它這麼好用。也許哪天，我們會變得像無法想像少了汽車或吸塵器的人生一樣，無法想像少了會計的人生。

　　話雖如此，如果只是為了讓生活更便利一點就必須苦讀，各位可能會覺得有點不值得。首先，會計必須要以淺顯易懂的方式接近，因此，除了一定要知道的會計用語，

我都盡量避免使用艱深的專業用語、定義或表達方式，如果日常生活中有適合的情景能幫助理解，我也會拿來做為例子。此外，本書雖然概括性地涵蓋了會計的整體知識，但我會盡量簡單地說明一定要知道的概念，如果是不知道也沒有關係的內容，我會註明可以直接跳過。因此，本書中登場的會計用語定義和用法，可能會和教科書稍有不同，這點還請各位見諒。尤其是在會計考試時，也請審慎考慮是否要參考本書的說明或用語，不然我可無法保障各位的成績，這點我先告訴各位了。

　　會計確實不簡單，陌生的用語、動不動就改變的會計準則、為了反映真實交易而衍生的更複雜會計準則等，老實說，就算是會計師，如果不是自己的專業領域，也會有不容易了解的地方。所以我敢告訴各位，如果不是要成為會計師或會計學博士，我們沒有必要去學那麼艱深的會計，只要擁有基本知識，就足以活用了。艱深的會計就交給會計師，無法理解的內容，我們只要讀過就可以了。

　　期待讀過這本書的讀者們以後在看報紙或開會時，不會再因為陌生的會計用語而陷入窘境。此外，希望讀者們能了解，其實我們不需要知道艱深的會計，減少對會計的負擔，我進一步期待大家能以本書為契機，輕鬆讀懂財務報表，並能在日常生活中自由地活用會計。

　　距離最初決定寫書已經過了相當長的時間，我感受到

要出版一本書真的不是件容易的事，也不禁想向全世界所有的作家表示尊敬。與此同時，我想向一直以來支持我的家人、我可靠的朋友 Lee Eunjeong（이은정）、不吝提供珍貴的指教的 O Junseong（오준성）常務、Yu Hyejeong（유혜정）會計師、Bae Jiyu（배지유）會計師、前後輩及會計師同事們表達深深的謝意。

權載姬

目錄
CONTENTS

Part 3
培養讀懂財務報表的能力

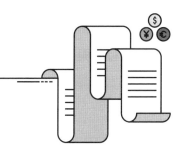

Part 4
為了投資者而誕生的財務狀況表

Part 5
權責發生制原則創造出來的會計科目

Part 6
能看出到底賺多少的損益表

Part 7
細數公司錢袋的現金流量表

Part 8
財務報表的兄弟們：
股東權益變動表及附註

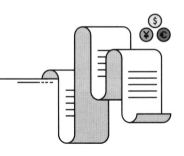

Part **1**
會計的誕生

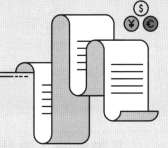

01 會計登場於人類歷史

是誰創造了會計？

　　不少人會語氣哀怨地問，「到底是誰創造了這個人人都說難的會計？」這個問題的答案是「不知道」。這是因為會計並不是由一個人獨自發明出來的，而是許多商人基於自身需求，在實務上一點一點地發展，不知不覺成了名為「會計」這門學問。但如同音樂有音樂之父，會計也同樣有留下豐功偉業、在誕生過程中扮演了極為重要角色的「會計學之父」。這個人就是盧卡・帕西奧利（Luca Pacioli）。

　　雖然可能會有點突然，不過為了介紹盧卡・帕西奧利，我們要先召喚曠世天才李奧納多・達文西。只要到羅浮宮，就能看到許多人為了欣賞《蒙娜麗莎的微笑》而大排長龍。也許我們會覺得不過就是一張畫，到底為什麼身價這麼高，但既然是那位有名的李奧納多・達文西的畫作，如此價值斐

然也不是件奇怪的事。李奧納多‧達文西不僅在現代有名，當時也是個鼎鼎大名的人物。而這赫赫有名的達文西生前有一位與他進行深度學術交流的好友，那個人就是盧卡‧帕西奧利。據說，帕西奧利傳授了達文西影響其繪畫及建築的數學知識——透視圖法和幾何學。帕西奧利竟然傳授了天才達文西數學知識，想必他也不是平凡人物。據說，每當盧卡‧帕西奧利講課，當天教室就一定會因為是著名人士授課而滿座。

不過，盧卡‧帕西奧利並非僅以達文西的好友和著名講師身份在歷史上留名。他是史上第一個將現代會計學的核心「複式記帳法」的相關內容集大成後出版書籍的人。

會計為什麼誕生？

在中世紀歐洲，義大利的各大臨海城市在那無人不曉的十字軍東征（1096～1272 年）時期，將武器及糧食借給了十字軍，並替他們運送兵力，而得以迅速成長。商業及貿易業也因此能蓬勃發展。商人們開始需要計算買賣物品的價格及成本、產生的利潤及損失，自然而然地便需要計算錢的工具，也就是「會計」。

此外，當時投入商業及貿易業的人大部分為王族、貴族或富商。他們會想確切地知道利潤是如何賺得的、投資時

能賺得多少利益，因此利潤及資產的計算方法也就變得明確。而在商人的立場來看，能清楚計算才能得到其他資金援助，還有另一個好處就是能夠有效管理金錢。

> ### 複式記帳法
>
> 複式記帳法是將交易分成借方和貸方、雙重記錄的記帳形式，也是與做家庭收支簿時使用的單式記帳法相對應的記帳方式。複式記帳法是區分家庭收支簿與財務報表的重要區別，我們將慢慢探討。

　　會計就是這樣隨著商業的發達，而在中世紀義大利自然而然誕生的實用性學問，雖然沒有系統，但商人們根據經驗累積的知識，以自己的方法將會計應用在實務上。這個時期使用的會計稱為「單式記帳法」，是一種直觀且單純的會計方法。

　　由某些天才般的人開發出的複式記帳法，取代單純的單式記帳法，是在中世紀的某個時候開始的（推測大概是 13 世紀或 14 世紀）。當時並沒有有系統的會計相關著作或教育，因此應該只有書讀得不錯的人會使用複式記帳法（單式記帳法和複式記帳法會在後面仔細說明）。

　　當時完全沒有獨自學會計的方法，可見會計有多難了。而我們也能想像，懂得會計的人是多麼被視為高級人力。

會計學最重要的著作

　　本來由口傳方式流傳下來的複式記帳法，最初是由盧

卡‧帕西奧利集大成，並於 1494 年出版成書籍《算術、幾何、比例總論》。這可以說是讓大眾廣為知曉會計概念的契機。

當時，威尼斯以商界為根基，並以富強的共和國姿態君臨歐洲，而盧卡‧帕西奧利就是把威尼斯商人所使用的記帳系統彙編成書。雖然複式記帳法並不是由盧卡‧帕西奧利創造，但有系統地彙整出從未被整理過的內容，也絕對不是件容易的事，必須完全了解以口傳方式流傳下來的複式記帳法，才能用自己的話表達這些內容。這也就是為什麼盧卡‧帕西奧利會被稱為會計學之父。

盧卡‧帕西奧利在書裡仔細說明了「取得存貨、分錄（將交易內容分成借方及貸方）、過帳（轉移記錄）至總分類帳、試算表（為了檢查分類帳的計算是否正確而製作的表）、虛帳戶結清及餘額之資本帳移轉」等，而所有內容都被沿用到現代。至今已過了五百二十多年，盧卡‧帕西奧利整理的會計理論竟然仍未褪色，他是如此完美地整理了會計理論，真的是個偉大的人物。

可惜的是，盧卡‧帕西奧利的成就似乎被達文西的光彩所掩蓋，而未能受到矚目。但其集大成的會計至今仍維持原

關於複式記帳法的第一本著作

1494 年，盧卡‧帕西奧利編著的《算術、幾何、比例總論》被稱為西方第一本會計書籍。令人驚訝的是，盧卡‧帕西奧利在這本書裡介紹的記帳法，是已經過了 520 年之今日，其內容仍幾乎全部被沿用的複式記帳法。

型並被世人所用。對學習會計的人來說，盧卡・帕西奧利就如同天賜的存在，多虧了他的功績，活在現代的我們學會計時才不用那麼辛苦。

以後各位看到《蒙娜麗莎的微笑》、想著達文西時，應該也會想起盧卡・帕西奧利是會計學之父了。

最初使用會計的，是韓國的開城商人？

如果要在韓國歷史裡選出傑出的商人集團，首屈一指的當然就是開城商人。有商人的地方就有金錢流動，也就勢必會出現「會計」，因此我們可以推測，在韓國歷史裡，是由像開城商人的商人們開始使用或發明了會計。據說，開城商人在 11 世紀到 13 世紀初葉，便已經開始使用複式記帳法，也就是韓國的「四介松都治簿法」。既然開城商人在 12 世紀時就已經使用了複式記帳法，這代表比歐洲早了兩百年。只不過盧卡・帕西奧利早在 1494 年就已經著述了第一本關於複式記帳法的書，而韓國比那晚得多，要等到 1916 年玄丙周才編纂了《四介松都治簿法》，是韓國第一本解說複式記帳法的著作。

據說，阿拉伯商人第一次來到韓國是 1024 年。在這之後，高麗透過碧瀾渡（韓國高麗時代位於首都開京附近的國際貿易港口）積極開展國際貿易。因此（也許就像根據

某人的主張），或許韓國的四介松都治簿法透過阿拉伯商人傳到了歐洲，然後發展成了今日的會計也不一定。又會不會其實盧卡・帕西奧利不過是拿了現成的資料，然後得到了「會計學之父」的頭銜呢？雖然真相只有歷史知道，不過開城商人竟然可能是最早使用會計的人，不管是不是真的，光是想像就讓人熱血澎湃。

02 會計雖有多種樣貌，但原型只有一個

什麼是會計？

　　吳正勳，是一名四十多歲的一家之主，也是任職已邁入第十年的會計師，靠會計養家餬口的他，一直以來都會被問相同的問題。

　　「到底什麼是會計？」

　　這是最常被問又最難回答的問題。而且只要稍微觀察市面上的書籍，就會發現會計的種類還真的很多。財務會計、成本會計、管理會計、成本與管理會計、稅務會計、政府會計等等。本來就已經覺得會計很難了，這樣看起來要學的東西好像很多而可能會讓人卻步。不過我們可以換個角度想。反正都是在名為會計的框架裡，各種類的會計並不會有太大的差異，只是名字稍微不同的會計們聚在一起罷了。

首先，我們需要先探討什麼是會計。

會計的正式定義如下：

> 為提供與某特定經濟實體有利害關係的人有用的財務資訊，使其能做出合理的經濟決策，所需要的一系列過程或體系。

我們會說，會計是認列、記錄、整理、報告、分析並解釋交易的過程。總的來說，我們可以將會計理解為「為了編製資料給對公司抱有極大興趣的人，而將與公司有關的各種數字整理得易於閱覽（包含認列、彙總、分類、計算，並解釋分析數字的涵義）。」

可是，為什麼會計的種類這麼多？

與公司有關連的人真的很多。投資公司的股東、借錢給公司的債權人、營運公司的經營者和公司職員、要向公司徵收稅金的政府等等，全部都是公司的利害關係者。但各利害關係者感興趣的領域皆不相同，要配合所有人的喜好實在是很不容易。因此公司乾脆決定根據不同的需求來整理數字，會計才會有這麼多的名字。

會計可以分成兩大類，一個是為了債權人及投資人等

外部利害關係者而存在的財務會計，另一個是為了公司內部管理階層而存在的管理會計。

財務會計──為了外部使用者而存在的會計

財務會計是為了編製財務報表而存在的會計。在這裡，我們先將財務報表理解為「把與公司相關的各種數字整理好後所做的報告」。

財務報表會提供公司的債權人、股東、政府、經營團隊、公司職員等重要的資訊。由於外部利害關係者難以取得公司的內部資訊，難免會發生資訊不平等的問題，因此公司必須要盡可能客觀且公正地編製財務報表。這時，為了讓所有公司都能夠客觀公正地處理會計而被提出來的準則，就是會計準則。財務報表須根據會計準則編製，而且超過一定規模的公司，需要接受外部審計人員的查核。我們可以將財務會計理解成：平時一提到「會計」就會浮現在腦海裡的會計。

管理會計──為了內部使用者而存在的會計

管理會計顧名思義就是為了管理而存在的會計，換句話說，是為了幫助經營團隊做出決策，而提供有用資訊的會計。由於管理會計只用於公司內部，因此並沒有原則或規定，各公司、部門根據其特性建立一套內部準則，並遵

循這套準則即可。管理會計既不需要公開給外部人士，也不需要接受審計。估計成本、樹立計畫、績效評價、收支平衡分析等皆在管理會計範疇內。

成本會計──輔助財務會計與管理會計的會計

　　成本會計是指計算產品成本的會計。我們可以將其理解為既是輔助財務會計，又兼管理會計的一部分。財務會計中使用的庫存成本、營業成本等關於成本的資訊，全都是透過成本會計計算而得。因此，我們才會說成本會計與財務會計有密切的關係。

　　成本會計算出來的資訊，是用於估計成本、樹立計畫、評價績效等管理會計的基本資料。我們要先知道成本有多少，才能適度加上利潤，訂定銷售價格。知道了成本，才能知道損益為多少、做績效評價。因此，我們又可以將成本會計視作管理會計的一部分。也正是因為這樣，大部分關於管理會計、成本會計、成本與管理會計的書所探討的主題都很類似。

稅務會計──為了計算營利事業所得稅或所得稅而存在的會計

　　公司繳納所得稅金時，如果能直接使用財務報表，無論是公司或國稅局都能省事。不過為了達到政策性目的，

稅法會提供納稅人各種優惠獎勵並訂定規則。因此，稅務會計的記錄方法當然就與財務會計不同了。為了計算稅金，我們需要另外加總、計算數字，這時誕生的正是稅務會計。

政府會計──政府使用的會計

　　政府會課稅，並將稅金用在各種政策上。有了金錢的流動，當然就會需要能夠整理並報告關於這些錢的會計。只不過，如果政府和以獲利為目的的公司一樣，直接使用財務會計，這是有失偏頗的。政府的收益來源是向國民徵收的稅金，當然就不能像公司一樣，為了獲利而提高稅額或減少政府支出。因此，政府需要一套政府專用的會計，而這就是政府會計。我們可以將政府會計理解成：政府為了整理並報告在管理國家財政時產生的數字而使用的會計。

03 因為不了解會計 而發生的案例

賺 4 億變成賠 5 億的案例

　　A 公司企劃室做了一項特別企劃，並要求各部門報告進行這項企劃所需要的年度預算。B 部門預估需要設置一台在其他企劃中已經安裝過的設備，因此向企劃室報告當年會發生一筆設備費用（1 億韓元）。這台設備未來可使用十年。

　　可是在報告過程中，B 部門用錯了會計用語，報告書上記載的內容讓人誤以為每年都會發生 1 億韓元的費用。這項企劃預計在未來十年，每年會帶來 5,000 萬韓元的收入。但如果根據 B 部門的報告，每年會產生 1 億韓元的費用，這樣公司每年將發生 5,000 萬韓元的損失（1 年收入 5,000 萬韓元—1 年費用 1 億韓元），因此企劃室放棄了這項企劃。但實際上，十年的總收入預計為 5 億韓元，總投資費用為 1 億韓元，因此這項企畫本來預計會帶來高達 4 億韓元的利

潤。→這是因為沒有正確了解會計中「費用」的概念，而結果令人惋惜的案例。

菁英 D 組的解散案例

C 公司為了改善公司的獲利能力，決定解散掉營業部門中績效最差的 D 組。雖然組員天天加班、奮發努力，但 D 組的銷售成績卻是吊車尾。在其他組需要增加人力就雇用新組員，聚餐也都去吃好料、勢如破竹時，D 組卻都沒辦法增加人手、受盡欺負，終究被公司解散。

但在經過重組後，公司的狀況並沒有得到顯著的改善，本期淨利反而變得更低了。原來，銷售成績高的部門濫用了人力，導致固定成本負擔增加，再加上銷售成長率下滑，問題就更加惡化了。此外，公司後來才發現，D 組雖然銷售規模不大，但其實是運用少數人力創造利潤的菁英部門。**→這是因為沒有正確了解會計中「營業收入、營業淨利、本期淨利」的概念，而結果令人惋惜的案例。**

誤把石頭當黃金的外國公司

外國企業 E 公司決定購買韓國一家非上市公司 F 公司100% 的股票。因為外國諮詢公司評價 F 公司的股票價值高

於其股票價格。E 公司派遣會計專家 K 到 F 公司擔任會計管理人員，K 在看到 F 公司的財務報表後不自覺嘆了口氣。因為 F 公司並未將員工離職時應給付的高額退休金認列為公司負債，一直以來做了莫名其妙的會計處理。由於少計算了負債金額，F 公司的股票價值就被高估了。總結來說，E 公司以高得不像話的價格買下了 F 公司的股票。**→這是因為沒有考慮到會計中「預計負債」的概念，而結果令人惋惜的案例。**

無辜繳納了附加稅額的公司

　　G 公司是一家諮詢公司，在認列營業收入時採用了收付實現制原則。也就是說，G 公司根據收付實現制原則，將未來三年提供服務的收入，在收取款項的當下就認列了這筆收入，但服務收入應該要以提供服務的期間為基準，分成三年認列。這導致 G 公司過去兩年認列的營業收入比實際金額低、今年認列的營業收入比實際金額高。而稅務局發現了這個會計處理錯誤問題，並以過去兩年少申報營業收入為由，向 G 公司課了附加稅額。**→這是因為沒能了解會計中「權責發生制原則」的概念，而結果令人惋惜的案例。**

04 買房與會計

我們早已經在使用會計了

　　會計是一門比想像中還要實用的學問，是隨著人類開始貿易或以物易物等，因為需求而自然形成的一套規則。各位可能會感到疑惑，明明就感覺會計很難，怎麼會說它很實用呢？但其實只要稍微觀察我們的生活，就會恍然大悟。

　　事實上，許多人沒有正確了解什麼是會計，甚至對會計沒有半點興趣，但卻已經在日常生活中使用會計了。有金錢流動的地方，就一定會伴隨著從會計角度出發的思考及分析。因此，各位今天一定也在不知不覺間熟練地分析了人人都說很難的財務報表。很荒唐對吧？

　　如果我說各位已經因為接下來我要說的事情而使用了會計思考，你相信嗎？

　　許多人生平最大的夙願就是購置屬於自己的房子。有

趣的是,許多人在買房的過程中就已經使用了會計。

各位不妨想想看,不管是因為被高額的租金壓得喘不過氣,還是因為發現了有投資價值的不動產,總之,只要決定買房,我們最先會做的事就是確認自己馬上能籌到多少現金,對吧?這個步驟正啟動了會計。

如果有巨額現金那就不成問題,不過大多數的人會考慮要去哪裡貸款、計算能借到多少錢。要是貸款金額超出償還能力,就很有可能會淪落為常常出現在新聞報導裡的房奴。因此,要下這個決策並不容易。

買房時就在使用會計

為了擺脫令人痛恨的高額租金,吳會計師檢查了自己的財務並樹立了戰略。好歹是個會計師,他仔細計算了目前的資產及貸款規模、未來的薪資和其他收入、利息費用。這時能派上用場的,正是預計的財務狀況表和損益表(最具代表性的財務報表,詳細內容讓我們之後再來探討)。說服老婆時,這些財務報表當然也幫了大忙。

以一家之主的角度來思考,吳會計師擁有 3 億 1,000 萬韓元,而準備要搬去的家市價達 5 億韓元,他貸款了 2 億韓元,當時的利率為 3%。如果他回到會計師的身份,把目前的情況做成財務狀況表,就會出現下頁的表格。雖然看

起來很陌生，但請各位先不要想得太多。由於吳會計師是
名會計師，所以才會做了一份財務狀況表，我們只要理解
這個表格的內容就可以了。

財務狀況表（購買住宅前）

左邊		右邊	
現金	310,000,000 韓元	股東權益	310,000,000 韓元
總計	310,000,000 韓元	總計	310,000,000 韓元

接下來是我們之後會陸續探討的內容。在會計，只要
發生一個事件，就一定會做兩筆記錄。這是因為我們採用了
複式記帳法。如果以會計的方式表現吳會計師擁有3億1,000
萬韓元這件事，左邊要寫現金3億1,000萬韓元、右邊要寫
這筆現金是從哪裡來的。像是貸款的錢（負債），或是吳會
計師一點一點存起來的資金（股東權益）。上面的表格中，
為了記錄這筆錢是本來就擁有的現金，因此右邊記錄為「股
東權益3億1,000萬韓元」。我們可以先把股東權益理解成：
記錄積攢金額的項目。

那麼，搬家之後有發生什麼變化嗎？當然了，吳會計
師有了房子。這是我們可以直接感受到的變化，這變化在
會計更是個重大事件。

財務狀況表（剛購買住宅後）

左邊		右邊	
現金	10,000,000 韓元	貸款	200,000,000 韓元
公寓	500,000,000 韓元	股東權益	310,000,000 韓元
總計	510,000,000 韓元	總計	510,000,000 韓元

　　名為公寓的資產增加了，但名為貸款的負債也增加了。財務狀況表的重點在於記錄資產（現金、公寓）的同時也記錄負債。雖然我們很常開玩笑說，由銀行買房子、我們每月付銀行租金，不過財務狀況表上的貸款項目正是反映了這個玩笑。

用會計思考模式預估三年後的未來

　　買下房子後，吳會計師就更努力地工作了。買房子前，他預估了未來三年的收入及支出，預估內容如下頁表格（換句話說，吳會計師編製了未來三年的預計損益表）。

損益表（未來三年）

	1 年後	2 年後	3 年後
收入（月薪）	50,000,000	55,000,000	60,000,000
收入（獎金）	5,000,000	5,000,000	5,000,000
費用（生活費）	-30,000,000	-33,000,000	-35,000,000
利息費用	-6,000,000	-6,000,000	-6,000,000
淨利	19,000,000	21,000,000	24,000,000

　　根據上表，吳會計師得出了一個結論，那就是就算貸款買房，也不會有太大的問題。接著吳會計師想著反正人生就是如此，便大膽地買下了第一間公寓。吳會計師在做出決策前經歷的流程（編製並分析財務狀況表及損益表的過程）如下。

1. 吳會計師的年薪是 4,000 萬韓元。
2. 持續發生利息費用（每年 600 萬韓元）。
3. 月薪預計調漲（三年各上調成 5,000 萬韓元、5,500 萬韓元、6,000 萬韓元），每年還會得到績效獎金（每年 500 萬韓元）。因此，薪資及獎金兩項收入會持續增加。
4. 因此，看起來至少不會因為利息而入不敷出。

用會計表現這個流程，就是左頁的損益表。

那麼，三年後的財務狀況表一定會有變化。財務狀況表上會出現名為公寓（5億韓元）的資產，但同時會增加名為貸款（2億韓元）的負債。我們可預測到雖然會發生利息費用，不過由於未來年薪等會調漲，因此流入的現金會比流出的現金多。

每年因為貸款2億韓元而發生的利息為600萬韓元。考慮到未來年薪的調漲金額、預計獎金金額和預計生活費，計算了未來三年的損益，結果發現每年會發生如下之淨利。最終，三年後的現金及股東權益如下。

1. 現金 7,400 萬韓元＝1,000 萬韓元＋3 年之間增加的現金總額（1,900 萬韓元＋2,100 萬韓元＋2,400 萬韓元）
2. 股東權益 3 億 7,400 萬韓元＝3 億 1,000 萬韓元＋3 年之間增加的淨利總額（1,900 萬韓元＋2,100 萬韓元＋2,400 萬韓元）

上面的股東權益，是購買公寓時花掉的現金3億1,000萬韓元，及未來三年內賺得的淨利之總和。我們可以把股東權益想成是購買公寓時，扣除掉貸款後，自己存的錢貢獻了多少金額的項目。

財務狀況表（三年後）

左邊		右邊	
現金	74,000,000 韓元	貸款	200,000,000 韓元
公寓	500,000,000 韓元	股東權益	374,000,000 韓元
總計	574,000,000 韓元	總計	574,000,000 韓元

　　當然也有不管三七二十一就直接貸款購買不動產的人。對這些人來說，會計毫無用處。但大多數的人會跟吳會計師一樣，為了償還房貸而煩惱。只是這些人不會在這個過程中做財務報表而已，其實大家早就在不自覺中，用會計的思考模式尋找解決方案了。

　　反正會計早就已經在所有人的心裡了。因此，學習會計可以說是學習如何抓出心裡的會計、使用這個會計，也就是學習其表達方式。

Part 2
關於會計的幾項約定

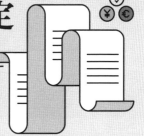

05 學會計前，必須先了解權責發生制原則

刷卡的支出要怎麼記在家庭收支簿裡？

「如果刷了信用卡，要怎麼記在家庭收支簿裡？」

如果不是非常勤快的人，要持續寫家庭收支簿並不容易，因為只要花錢就要一一記錄，相當麻煩。有時候還會突然遇上難題，舉例來說，用信用卡刷卡的支出要怎麼寫？分期付款要怎麼記錄呢？也許是因為這些原因，談到寫家庭收支簿時，吳會計師常被問的問題是「用信用卡刷卡的支出要怎麼記錄？」

信用卡支出是最能說明「權責發生制原則」的好例子。權責發生制原則是指，不管有沒有現金的流入或流出，在交易或事件實際發生時就記錄收入及費用，是學會計時一定要知道的幾項原則之一。

與權責發生制原則相反的概念為「收付實現制原則」。

在收付實現制原則下，薪資等收入會在現金流入當天記錄為收入，費用則是在支付現金的時候記錄，而家庭收支簿就是收付實現制原則的代表。

假設吳會計師買了一台筆記型電腦，並用信用卡刷卡付款。其中有點奇怪的是，明明東西已經入手了，但實際上吳會計師並沒有付錢。那他到底算不算買了筆記型電腦呢？在收付實現制原則下，吳會計師並沒有購買筆記型電腦。這是為什麼呢？因為錢還沒繳出去。

但如果我們說吳會計師並沒有購買筆記型電腦，也很怪。這又是為什麼呢？因為他明明現在就坐在咖啡廳裡用新買的筆記型電腦看臉書。

「雖然還沒有支付現金，但吳會計師確實購買了筆記型電腦。」這個說法各位同意嗎？如果回答「同意」，那代表各位已經完全了解權責發生制原則的基本概念了。在權責發生制原則下，雖然沒有現金流出，但由於已經發生了購買筆記型電腦這筆交易（如果仔細說明「發生」這個概念，可能會變得太過複雜。現階段只要直接記住有交易「發生」即可），因此我們會記錄名為「筆記型電腦購買費用」的費用（假設沒有折舊）。也就是說，吳會計師確實購買了筆記型電腦。

雖說家庭收支簿是根據收付實現制原則，但我們總不能不把購買筆記型電腦這個事實記錄在家庭收支簿上（不

記錄當然沒有什麼問題，因為也可以記錄在信用卡結帳日的備註欄上就好，只是這樣家庭收支簿就難以達到透過有效率、系統地記錄支出來理財的目的）。這時，採用收付實現制原則的家庭收支簿要稍微結合權責發生制原則，也就是將信用卡支出另作記錄，在購買筆記型電腦時記錄負債（信用卡帳款）增加即可。這樣名為「信用卡帳款」的負債會不斷累積，直到信用卡結帳日支付現金之前，都與現金分開管理。

最近有許多家庭收支簿 APP，只要收到刷卡記錄的簡訊，APP 就會自動把刷卡記錄記入家庭收支簿，並在信用卡結帳日幫我們整理信用卡帳款相關內容。我們的生活還真的是非常便利。

不能只採用收付實現制原則處理會計嗎？

金融交易越發達、經濟生活過得越久，家庭收支簿就會越難寫。光是前面的筆記型電腦購買案例，我們就會因為不知道要怎麼將刷卡交易記錄在家庭收支簿上，而覺得棘手了。

以後接觸會計，會常常聽到「權責發生制原則」這個名詞，因此如果了解什麼是權責發生制原則，之後在學會計時會很有幫助。

家庭收支簿是收付實現制會計的基本概念，只要在有現金流入時記錄賺了錢（收入）、

有現金流出時記錄花了錢（費用）就好，如果所有事情都能採用收付實現制原則，那會計就會非常簡單。可惜的是，現實世界中有太多無法只用收付實現制原則來表達的交易。

在複雜的現實中，需要權責發生制原則

現實世界有點複雜。除了信用卡交易比現金交易多，而且是一套先累積帳款，之後一次自動轉帳的系統之外，還有分期付款、資產互換的交換交易、無償贈與等，要用收付實現制原則來表達這些複雜的交易並不容易，因此，如果要使用會計，就必須了解權責發生制原則。

權責發生制原則是會計中的基本概念，但對初學者來說，卻也是難以理解的概念。由於家庭收支簿是基於收付實現制原則做記錄，因此本章節的內容可能在做家庭收支簿時幫不上忙，如果覺得很難懂，各位不妨把這個概念當作進階課程，以輕鬆愉悅的心情讀過。

權責發生制原則的正式定義如下：

獲得收入時認列收入，發生費用時認列費用的方法。

才剛介紹權責發生制原則而已，就出現了獲得、發生、收入、費用等一堆讓人頭昏眼花的用語，真的是會讓人不

得不悲嘆。也許會計本來可以不那麼艱深，但因為有太多正式用語，才會讓人覺得很難。

以後，我們直接把收入理解成賺得的錢，把費用理解成花掉的錢。作為勞動的代價，上班族每個月從公司領到的薪水就是一個月裡賺到的錢，而這就是收入。如果吃完午餐後買了一杯咖啡，不管是刷信用卡還是支付現金，只要有花錢，就是有費用。

權責發生制原則之一：收益實現原則

獲得收入＝已經準備好取得現金了！

為了獲得收入而進行的所有活動結束，並能客觀計算出將收到多少金額時，就是「獲得收入的時間點」，在此時認列收入，意味著在「現金收入的可實現性高時」記錄收入。這與實際收取現金時認列收入的收付實現制原則有點不同。在收付實現制原則裡，只要收到押金，就算還沒提供商品或勞務，也會在收取現金的當天認列收入。但如果是權責發生制原則，就算已經收取了押金，如果活動（提供商品或勞務）還沒有結束，就不會認列收入。相反地，如

收益實現原則

收益實現原則是指，在現金收入的可實現性高時，認列收入。

果已經提供了商品或勞務，但還沒收取現金，我們還是會在銷售商品或提供勞務的時間點認列營業收入。

權責發生制原則之二：收入與費用配合原則

> **費用發生＝在認列收入前，費用只不過是個動作！**

　　公司花錢的最終目的是賺錢，也就是創造收益。因此，認列費用時要將其對應到相關聯的收入。費用發生是指，由於相關的收入已經被認列了，而能認列費用。舉例來說，我們會把為了銷售而購買的商品先當作資產，等到這個商品被賣出去，再將其認列成名為「營業成本」的費用。但如果是為了用於公司業務而購買的電腦等，無法直接確認其與營業收入有關係時，這台電腦的款項則會在未來為了創造收益而被人使用的期間（此稱為耐用年限）認列部分金額為費用（折舊費用）。

> **收入與費用配合原則**
>
> 收入與費用配合原則是指，將創造收益時發生的費用，對應到相關聯的收入後認列。

會員券、商品券要如何認列？

　　權責發生制原則只是聽起來很難而已，如果去探討，

會發現這個原則並不難理解。只要觀察在現實世界中我們如何使用權責發生制原則，就會更好懂了。

許多人會為了健康和減肥去報名健身房。去過健身房的人都會知道，比起以「月」為單位購買會員券，以「季」、「半年」或「一年」為單位付款會比較便宜，而且便宜很多。所以就算買了之後可能不會去，許多人還是會購買「季」以上的會員券。

假設我們購買了100萬韓元的一年期會員券，而且因為錢太多了，所以決定用現金一次付清。在收付實現制原則裡，會在購買會員券的當天將100萬韓元記錄成會員券購買費用。可是這張會員券將在未來一年被使用，我們只是在今天先支付了現金，因此，在權責發生制原則裡，購買會員券時支付的100萬韓元只會被認列成是事先支付的錢，而不是費用，因為權責發生制原則認為費用尚未發生，會在未來的一年分攤認列。

1. 購買商品券時：只是先付錢而已，但還不是費用
2. 時間經過：每個月發生健身房會員券費用（就算沒有去健身房，只要會員券的有效期沒有中斷，就會發生費用。這是因為我們已經購買了使用健身房的權利，而這個權利會隨著時間流逝消失的關係。）

　　那麼商品券或是會扣掉使用金額的會員券（肌膚保養會員券等）要怎麼認列呢？在收付實現制原則下，我們會在購買商品券、支付現金時將其認列為費用，但在權責發生制原則，我們會把這筆交易單純視為事先付錢，費用要等到未來使用商品券購買物品時才會認列。

> 1. 購買商品券時：只是先付錢而已，但還不是費用
> 2. 使用商品券時：使用時發生費用

　　如果買商品券當作禮物送人呢？在收付實現制原則，同樣會在支付現金購買商品券時認列費用，但如果是權責發生制原則，認列方式如下。

> 1. 購買商品券時：只是先付錢而已，但還不是費用
> 2. 把商品券當作禮物送人時：根據贈與目的，在贈與時發生名為「接待費」或「捐款」的費用

　　目前為止，我們都是站在消費者這一邊來看是否要認列費用，但就算換成銷售者的立場來看，概念也是相同的。在權責發生制原則，收入是在交易實際發生時認列，而不是在收錢時認列。舉例來說，假設我們賣出了有效期為 1 年的

健身房會員券，那我們就要讓這位會員在未來一年內能自由使用健身房，並不是收到錢就代表交易全部結束。因此，我們不會在收錢的時間點就認列收入，而是在 1 年的期間分攤認列收入。

會計的所有難題都起因於權責發生制原則

因為權責發生制原則，衍生出了收入及費用的發生／遞延、收入及費用的時間分配（折舊等）等難死人不償命的概念（我們接下來會有機會去探討），所以要說會計是因為權責發生制原則才會變得這麼難，也不為過。但我們又能怎樣呢？在目前的會計中，權責發生制原則就是基本原則。

06 知道什麼是成本，才能正確算出淨利

用會計揭開拿鐵價格背後的真相

新聞媒體有時候會用錯會計用語，有些不懂會計的人可能會因為直接相信報導內容，而陷入混亂。接下來我們要看的就是一則招致這類混亂的案例。

幾年前的一則新聞，曾引起韓國咖啡愛好者們的怨言。當時的報導引用了韓國關稅廳提出的，「一杯美式咖啡的原豆成本大約是 123 韓元」的統計資料，隨後的新聞報導標題如雨後春筍般，清一色都是「到底從中撈了多少？」、「咖啡成本令人無言以對」、「咖啡價格高達原豆成本的 30 倍」等，譴責咖啡價格和成本相比過高的口氣。消費者們因而撻伐咖啡價格高得不像話，而咖啡專賣店的從業人員更要面對一堆令人頭疼的事。

當然，如果是做過一點生意的人馬上就會看穿這種新

聞的漏洞，但一般人確實會憤慨，「以一份午餐的價格賣咖啡的咖啡專門店，原來一直以來都在謀取暴利。」而準備創業的人也可能會以為咖啡專賣店非常好賺。

在讀這種新聞，特別是在解讀有數字的報導時，會計就會發揮其價值。

這個報導的關鍵在「咖啡價格是原豆成本的 30 倍」。但如果因為這樣就單純地解釋成「因為咖啡價格是成本的 30 倍，所以獲得的利潤也是 30 倍」，可就讓人頭痛了。因為在會計裡，成本指的是生產並銷售產品時需要的所有費用，包含原料成本、人工成本、製造費用等，和原料費用是完全不同的概念。

為了販賣咖啡，我們不可能只需要水和原豆。原豆的成本只不過是構成咖啡成本的其中一個要素——原料成本，販賣咖啡時，還會發生負責萃取咖啡的咖啡師的人工成本、店面租金、採購甜甜的糖漿及免洗杯等各種費用。

咖啡的價格，是生產並銷售咖啡所需的所有費用加上業者利潤後決定的。換句話說，我們可以理解成：買咖啡喝時，除了原豆和水，我們還買了甜甜的糖漿、設計得很漂亮的免洗杯、技巧熟練的咖啡師提供的咖啡萃取服務，及交通方便的租賃店面的便利度等。如果是 Coffee Bean 或星巴克等國際連鎖加盟業者，還會需要支付海外總公司相當高額的權利金，而這費用當然也包含在咖啡成本裡。

咖啡成本的組成

種類	內容
原料成本	原豆、水、糖漿、砂糖、免洗杯和蓋子、吸管費用等
人工成本	咖啡師及兼職員工薪資、各種津貼、退休金、勞健保、員工福利金等
租金	店面租金等
其他	現金卡／信用卡手續費、折舊費用、電費等

先有正確的成本概念再計算淨利

相信透過上面關於原豆成本的報導，各位稍微理解了成本的概念，這非常重要，因為確實了解成本的概念，才能算出正確的淨利。看過接下來的說明，各位就會了解是什麼意思了。

從第 46 頁及第 47 頁的表格可以看到，Starbucks Korea 2016 年的營業收入為 1 兆 28 億韓元、營業成本為 4,448 億韓元、推銷與管理費用為 4,727 億韓元、本期淨利為 652 億韓元。營業成本和推銷與管理費用的總和 9,175 億元中，人工成本和租金分別為 2,516 億韓元、1,763 億韓元，佔總銷售額的 43%。與之相比，原料成本為 1,528 億韓元，占營業收入的比率約為 15%。可見，咖啡專賣店的咖啡成本並不是受原豆成本的影響，而是受人工成本和租金左右。

Starbucks Korea2016 年之綜合損益表

財務報表

綜合損益表
第 20 期 2016 年 1 月 1 日起至 2016 年 12 月 31 日
第 19 期 2015 年 1 月 1 日起至 2015 年 12 月 31 日
Starbucks Korea 股份有限公司

（單位：韓元）

科 目	附 註	第 20 期（本期）	第 19 期（前期）
Ⅰ 營業收入	19, 27	1,002,814,319,851	773,900,207,510
Ⅱ 營業成本	19, 21, 27	(444,518,958,214)	(350,752,780,987)
Ⅲ 營業毛利		557,995,360,037	423,147,426,523
推銷與管理費用	**20, 21, 27**	**(472,731,490,093)**	**(376,006,140,747)**
Ⅳ營業淨利		85,263,669,944	47,141,285,776
金融收入	22, 29	4,756,905,439	3,860,789,779
金融成本	22, 29	(1,892,574,867)	(3,054,448,699)
其他營業外收入	23, 29	2,285,707,440	2,196,656,251
其他營業外費用	23, 29	(5,056,239,238)	(12,172,254,411)
Ⅴ扣除所得稅費用前之稅前淨利		85,359,674,723	37,972,027,696
所得稅費用	25	(20,109,028,474)	(9,685,568,777)
Ⅵ本期淨利		**65,250,045,249**	**28,280,458,919**
Ⅶ其他綜合損益		(8,903,602,283)	(6,259,687,585)
1. 不重分類至本期損益之項目			
淨確定福利負債再衡量數		(11,563,1199,848)	(8,129,464,396)
所得稅影響數		2,659,517,565	1,869,776,911
扣除所得稅影響數後之淨額		(8,903,602,283)	(6,259,687,585)
Ⅷ 綜合損益總和		56,247,043,966	22,026,771,334
Ⅸ每股盈餘			
基本及稀釋每股盈餘	26	16,313	7,072

Starbucks Korea 2016 年之會計師查核報告

（單位：千韓元）

種　類	本期	前期
使用之原材料	152,845,383	109,351,222
商品銷售	125,731,996	99,139,031
存貨變動	(1,416,455)	4,072,711
從業人員相關成本	251,610,430	192,997,611
租金	176,339,179	145,108,096
折舊費用用用及無形資產攤銷費用	66,352,380	58,418,175
用品費用	11,534,099	8,730,966
水電瓦斯費	18,720,924	15,531,150
手續費	91,466,783	70,362,102
其他費用	24,365,729	23,047,858
總計	917,550,448	726,758,922

附註 21. 按性質分類之費用種類

　　因此，咖啡專賣店越是開在交通便利或人潮多的地方咖啡價格就越高，而社區咖啡則相對便宜。

　　順帶一提，Starbucks Korea 2016 年的淨利率（本期淨利÷營業收入）約為 6%。這代表賣出 100 時，剩下的利潤是 6。可見「咖啡專門店賺得的利潤達成本的 30 倍」這句話，從會計的角度來看很明顯是錯的。

各種成本類型

　　成本會基於各種目的，被用於公司經營的各個事業領域。向外部報告（財務報表）時、樹立未來的計劃時、做重要決策時，都會用到關於成本的資訊。這時，公司會根據用途，用各種方法加工成本資訊，因此成本的種類就增加了。而因為成本概念的種類太多，不太懂會計的人當然就會搞混了。

　　若要介紹在各式各樣的成本中最常被提及的，會有下面幾種。各位只要知道原來有這些成本，而且容易搞混，然後輕鬆讀過即可。

　　首先，讓我們先了解與生產相關的成本。

生產成本

　　生產產品的過程中發生的成本。由材料費用、人工費用、製造費用構成。如同前面所說的，我們一提到成本，會直接想到的就是生產成本。材料費用、人工費用、製造費用稱為成本（生產成本）三要素。

直接成本及間接成本

　　根據與產品的關聯性、是否能溯源，生產成本可分為直接成本和間接成本。由於直接成本與某特定產品有直接

關係，因此能溯源。像是投入特定產品的原料費、在某特定產品的生產線負責組裝的勞工薪資，能依產品種類溯源，因此歸類為直接成本（直接材料成本、直接人工費用等）。相反地，如果以工廠建築租金為例，雖然工廠租金確實是與產品生產相關的費用，但如果這家工廠生產各種產品，這筆費用將無法依各產品種類溯源。因此，工廠建築租金為間接成本（間接製造成本）。

固定成本及變動成本

　　根據是否與業務量的變動有關，生產成本可分成固定成本和變動成本。變動成本是指，成本總額會因為生產量、銷售量、銷售額、勞動時間、機器運轉時間等而變動的成本。舉個代表例子，直接材料成本會因為產品生產得越多、銷售得越多而增加，因此屬於變動成本。但租金就相反，無論生產了多少產品、賣出了多少產品，每個月支付的金額都是固定的。像這樣與業務量變動毫無關係、金額一直都是固定的成本稱為固定成本。

　　如果說生產成本大多是為了向外部報告而存在（財務報表上的營業成本），那麼接下來要探討的，大多是與內部決策相關聯的成本。

沉沒成本及機會成本

　　沉沒成本是指因為過去的決策而產生的歷史性成本，它已經發生了，而且經營者無法調整改變，也因為是已經付出去的費用，所以在做決策時不用去考慮。機會成本是指在選擇某一機會而放棄其他選項時，會因為放棄而失去的金額。雖然並不會真的支付現金，但為了避免發生明明可以獲利更多卻放棄的悲劇，在做決策時一定要考慮機會成本。

相關成本及非相關成本

　　相關成本是與決策相關的成本，其指在多個備選方案中各不相同且是在未來會發生的成本。非相關成本則是指在多個備選方案中沒有差異的成本，其不會影響企業的決策。我們可以把機會成本視為相關成本、把沉沒成本視為非相關成本。

會計與星巴克指數有幾分相似之處

　　既然都提到了星巴克，那就讓我們順便聊聊星巴克指數。相信不論是去國外或國內旅行，我們都曾有過因為厭倦陌生的食物，為了吃到熟悉的味道而到星巴克點一杯拿鐵（也有可能去麥當勞點漢堡吃）。無論到哪裡點餐，味

道都和我們在國內吃到的一模一樣，因此在經濟學裡，為了比較各國物價水準和貨幣價值，而創造出了大麥克指數和星巴克指數。

假設中國的星巴克拿黃河的水泡咖啡、用黑龍江農場的牛奶做拿鐵，而首爾的星巴克則是使用南漢江的水，和在江原道農場擠的牛奶。但即使材料來自不同地區，拿鐵的味道都差不多。也許是因為兩個地方使用了相同的方法烘焙相同的原豆，並以標準化流程製作咖啡的緣故。

由於味道和製作方法這兩個條件都相同，因此我們可以將各國拿鐵的價格換算成星巴克指數後，大致比較各國的物價水準。

當然，星巴克指數並不是絕對性的指標，只是因為各國經濟環境不同，就現實層面來說難以相互比較物價，在這種情況下，光是有能比較各國物價的指數就已具有意義。

從這種層面上來看，星巴克指數可說與會計是一脈相通的。因為會計是一種能幫助我們比較數家商業環境迥異的公司的工具。

大麥克指數與星巴克指數

大麥克指數是英國經濟週刊《經濟學人》在 1986 年開始發表的指數，基於主張同一產品的價值在世界各地都一樣的一價定律，將各國大麥克漢堡的價格換算成美元的指數。我們可以藉此比較各國的相對物價水準和貨幣價值（請參照 www.economist.com/content/big-mac-index）。

星巴克指數是為了利用星巴克中杯（tall）拿鐵的價格，了解實際匯率與最適匯率之間的關係，而研究出來的購買力平價指數。星巴克指數又稱為拿鐵指數。

　　三星電子的營業收入由手機的銷售額構成，大韓航空的營業收入則是由販售機票賺得的銷售額組成。兩公司的行業和規模都有極大的差異，因此就各種層面來說並不合適互相比較。但這兩家公司都按照一般公認會計原則（GAAP）編製財務報表，也就是說，我們可以利用按照 GAAP 編製的財務報表，比較兩家公司的財務資訊（GAAP 會在後面仔細說明）。如果是比較同行業的兩家公司，財務報表將更能發揮作用。

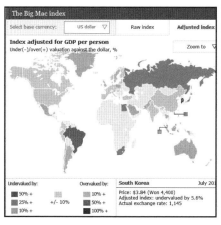

大麥克指數──經濟學人

星巴克指數──華爾街日報

07 會計師也覺得難——
權責發生制原則&複式記帳法

家庭收支簿的雙重性格：
收付實現制原則與單式記帳法

　　家庭收支簿是收付實現制原則的財務報表中，最具代表性的報表，它會在現金流入時記錄收入，如果有現金流出就記錄支出，不僅內容簡單，也非常大眾化，許多人都至少寫過一次家庭收支簿。但實際上，家庭收支簿同時也擁有單式記帳法的特性，有著雙重性格。

強大的權責發生制原則&複式記帳法

　　回溯到中世紀，過去的會計使用的是收付實現制原則和單式記帳法。這代表我們正在使用的家庭收支簿，在中世紀之前被祖先們當做會計帳簿。相信他們當時就發現了各種限制，舉例來說，以前也是有賒帳交易的，而那時他們

應該很苦惱不知道該怎麼記錄（收付實現制原則的限制）。此外，不要說電腦了，在連計算機都沒有的那個時代，祖先們只能用手一一記錄，我們能料想到，不管是再怎麼熟練的人作帳，也偶爾會寫錯或算錯。

接下來我們會慢慢去了解單式記帳法。提到單式記帳法，其最大的缺點之一，就是沒有辦法驗證記錄過程中發生的任何錯誤。也就是說，如果不一一對照、確認所有記錄和憑證，單式記帳法很難去確認帳簿到底有沒有錯誤、哪裡出了問題（單式記帳法的限制）。

為了彌補家庭收支簿的這個缺點，祖先們創造了替代收付實現制原則的權責發生制原則，以及替代單式記帳法的複式記帳法。權責發生制原則和複式記帳法普遍被認為是讓會計變難的代表元凶，然而不幸中的大幸是，它們也是現代會計的所有內容。換個角度想，權責發生制原則和複式記帳法只不過是為了彌補家庭收支簿製作方法的缺點，而追加的幾項規則而已。所以，只要了解權責發生制原則和複式記帳法，基本上就可以說是完全了解會計了。

權責發生制原則和收付實現制原則、複式記帳法和單式記帳法，彼此看似相像但又非常不同，如果了解這些會計常用用語的差異，處理會計時會很有幫助。

收付實現制原則 vs. 權責發生制原則：
收入及費用的認列時間（when）

收付實現制原則和權責發生制原則的差別，在於要什麼時候認列收入和費用。收付實現制原則如同其字面意思，現金流入時記錄增加的金額，支付現金時記錄減少的金額即可，非常簡單。

權責發生制原則也如其名，在收入和費用「發生」的時候認列它們。只是問題在於收入和費用是什麼時候「發生」的、而「發生」到底是什麼意思，會計學的煩惱根源就此開始。而這煩惱的深度越深，會計書就會變得越厚越難。

我們前面也有提到，在權責發生制原則，收入會在獲得的時間點認列、費用會在發生的時間點認列。「收入發生」的意思是指，交付了商品或提供了服務等已經做好收取現金的準備（參照第 38 頁，權責發生制原則）。而「費用發生」則可以理解成，與費用相關的收入被認列（參照第 39 頁，收入與費用配合原則）。各位現在可能會覺得權責發生制原則的概念很不真實，再加上會計很難的爭議大部分都是從這裡衍生而來，因此對權責發生制原則應沒有什麼好感。但神奇的是，只要我們經常去接觸，就會變得越來越了解權責發生制原則，所以各位不需要太有負擔，就讓時間解決一切吧。

收付實現制原則與權責發生制原則的區別

收入及費用的認列時間點	收付實現制原則	權責發生制原則
	現金增加時（減少時）	收入及費用發生時

單式記帳法 vs. 複式記帳法：記錄交易的方法（how）

　　「記帳」這個詞如果照字面意思解釋，即為「記」錄「帳」簿。複式記帳法和單式記帳法是按照記錄交易的方法而作區分。這裡的「複式」、「單式」和球類運動中單雙打的「單」、「雙」是一樣的意思。

> 單打：一對一的比賽
> 雙打：兩人一組的比賽

　　如果結合記帳和單式、複式的意思後分析，意思會如下。

> 單式記帳法＝單式＋記帳＝一個＋記錄帳簿
> 複式記帳法＝複式＋記帳＝兩個＋記錄帳簿

　　也就是說，單式記帳法是「單一記錄」資產的增加及減少，複式記帳法則是將交易「以兩個為一組記錄」的方法。事實上，只要不是複式記帳法的會計，我們都可以當作是單式記帳法。

那「單一記錄」是什麼意思呢？我們想像如下面的家庭收支簿就可以了。

家庭收支簿的例子

日期	項目	明細	收入	支出	餘額
2017-03-25	月薪	月薪	3,000,000		3,000,000
2017-03-25	餐費	午餐		20,000	2,980,000
2017-03-25	餐費	咖啡		5,000	2,975,000
					2,975,000

我們如果收到月薪，就會在家庭收支簿上記錄現金增加了多少；如果有餐費支出，就會記錄減少的現金金額。也就是說，無論是收到薪資、支付餐費、支付交通費，只要記錄現金的增減這「一項」即可。因此，我們稱這種記帳方式為單式記帳法。事實上，由於只要不是複式記帳法的記帳方法皆為單式記帳法，因此，只做一項記錄具有何種意義並不太重要。而且，只要弄懂複式記帳法，很快就能了解什麼是單式記帳法。

前面有提到複式記帳法是「以兩個為一組記錄」，如果有現金流入，我們不僅會記錄現金增加，同時還會記錄為什麼有這筆收入、金額是多少，也就是一起記錄它的搭檔。上面的家庭收支簿會將領取月薪300萬韓元這筆交易單純記

錄成 300 萬韓元的收入，這代表增加了現金 300 萬元（只有現金這「一項」），但複式記帳法不同，我們還要找出現金 300 萬元的搭檔，在這裡，現金的搭檔是月薪。我們以後將會慢慢了解為什麼月薪是現金的搭檔。總之，既然我們找到了搭檔，那就讓我們把領取月薪 300 萬韓元這筆交易記錄成下面的內容。

> 領取月薪之交易：
> 現金增加 300 萬韓元＆薪資增加 300 萬韓元

如果不是會計師，知道這些就夠了

關於單式記帳法和複式記帳法，我們會在後面更仔細地去了解。現在，我們先來確認權責發生制原則和收付實現制原則、複式記帳法和單式記帳法有什麼不同。

如果要使用複式記帳法，就必須要了解交易的兩面性，也要知道借方和貸方。多虧了複式記帳法，各種會計概念登場，我們要學的東西也開始出現了，因此複式記帳法幾乎和權責發生制原則一樣，也是讓會計變難的元兇之一。但我們不需要對複式記帳法覺得太有負擔，雖然之後會再更仔細深入，但現在只要了解為什麼會開始使用複式記帳法就夠了。艱深的會計交給吳會計師就可以了，畢竟他也是要養家活口的。

08 得到汽車、失去錢——等價交換法則

有得必有失

為了正確了解複式記帳法，我們要先明確地了解「等價交換」這個概念。等價交換是指「交換具有同等價值的兩個商品」，主要被用在經濟學上。在日常生活中，「有得必有失」這個說法會讓人覺得更熟悉。

可是說到等價交換，吳會計師就會先想到《鋼之鍊金術師》這個動漫。這部連載漫畫在愛好者之間以下面的台詞聞名。

> 人不付出犧牲的話，就無法得到任何回報；
>
> 如果想要得到什麼，就必須付出同等的代價。
>
> 那就是鍊金術中所說的等價交換原則。
>
> ——引用自《鋼之鍊金術師》

　　會計如同人生，沒有不勞而獲的東西。只要發生交易、獲得某個東西，就必須要付出相應的代價。在會計，只要發生交易，得到的東西和犧牲的東西（借方和貸方或左邊和右邊）兩邊一定會有相同的金額變化，這種性質我們稱為「交易的兩面性」。

　　沒有付出代價，就無法得到任何東西。

　　如果發生交易，得到的東西和犧牲的東西兩邊一定會有相同的金額變化。

　　這就是會計裡的等價交換原則。

　　　　　　──吳會計師的筆記中的「交易的兩面性」

　　發生一筆交易時，找出得到和失去的東西，這就是會計的起點。舉例來說，假設我們用 1,000 萬韓元現金購買汽車，這就是一筆以失去現金 1,000 萬韓元為代價，獲得價值 1,000 萬韓元的汽車的交易。

> 1. 購買了價值 1,000 萬韓元的汽車（得到的東西：汽車）
> 2. 支付了現金 1,000 萬韓元（失去的東西：現金）

　　交易的兩面性是現代會計最基本的要素之一，因此，如果發生交易，我們一定要確認兩件事情：付出了什麼代

價、得到了什麼東西。神奇的是，我們會發現所有的交易都可以一目了然地整理成兩筆記錄。

　　剛開始確認交易內容當然可能會有點困難，不過只要常接觸會計，確認交易內容這件事會變得像是日升日落般令人覺得熟悉，因此各位完全不需要覺得有負擔。

用複式記帳法記錄

　　讓我們原原本本地記錄前面提到購買 1,000 萬韓元汽車的交易。前面有說過，在複式記帳法，一筆交易要以兩個為一組記錄。在會計，為了能更清楚分辨搭檔且管理方便，會做一個名叫汽車的欄位，和一個名叫現金的搭檔欄位，並在兩個欄位記錄相關聯的金額。（在會計裡，欄位稱為「帳戶」，又稱為「會計科目」。關於帳戶，會在後面仔細探討。）

> 購買汽車的交易：
> 汽車增加 1,000 萬韓元＆現金減少 1,000 萬韓元

　　如上記錄後，如果我們去確認各欄位裡記錄了多少金額，會發現汽車欄位有 1,000 萬韓元，現金欄位則一塊錢都不剩。如果要購買汽車就必須要有現金，所以一開始就一

定保有 1,000 萬韓元，而由於購買汽車時花掉了現金 1,000 萬韓元，現金欄位裡當然就沒有錢了。我們把它想成是銀行帳戶餘額就可以了。

借方和貸方是什麼？

在複式記帳法，以兩個為一組記錄交易時（也就是分錄的時候），如果一個記在左邊，那它的搭檔當然就會被記在右邊。而在會計，分錄時的左邊和右邊分別稱為「借方」和「貸方」。以上面購買汽車的交易為例，左邊記錄「汽車增加 1,000 萬韓元」的部分就是「借方」，而右邊，也就是「貸方」，我們會記錄「現金減少 1,000 萬韓元」。

會使用借方和貸方這兩個名詞，其實並沒有特別的理由，只是因為從很久以前就已經使用了，所以我們就跟著用罷了。但也因為沒有原因或原理，所以確實不容易記住。不過背這些用語是有一個技巧的，吳會計師在大學聽會計原理課的時候，教授曾在第一堂課時這麼說道。

「如果是健康的人，每天早上都會去廁所上大號對吧？那我們上完後擦屁股時會用哪隻手呢？各位想一下。大部分的人都用右手對吧？沒有錯，所以貸方（韓文裡「貸」的發音與大便的「大」相似）是右邊。」

　　雖然可能有點髒，而且有些人不是右撇子，但我們就這樣相信吧。雖然不具重大意義，但這些用語在處理會計時常常會出現，因此，雖然是聯想到廁所，但如果記起來的話會非常有幫助。

補充說明

分錄

發生交易時，決定要使用哪個欄位和搭檔欄位、欄裡要記錄多少金額，在會計裡稱為「分錄」。上面購買汽車的交易的正式分錄方法如下，各位可以參考一下。

> **借方** 汽車 1,000 萬韓元　　**貸方** 現金 1,000 萬韓元

分錄是會計裡最基本而且最重要的過程，因為它是以會計方法記錄各筆交易的第一步。就像我們穿衣服的時候要扣對第一顆扣子，才能把衣服穿好一樣，處理會計時，最初的記錄具有極大的影響力。如果一開始就分錄錯，之後要修正這個錯誤會相當困難。

　　下頁是整理了現金欄位和汽車欄位金額增減的明細。

增減明細（財務狀況表的一部分）

欄位 （會計科目）	1. 期初	2. 增加	3. 減少	4. 期末 （1＋2－3）
現金	1,000 萬韓元		1,000 萬韓元	0
汽車	0	1,000 萬韓元		1,000 萬韓元

　　上表中的期初及期末餘額，其實是財務狀況表上現金和汽車的餘額。雖然我們還沒有探討什麼是財務狀況表，但一下子就把一個財務報表給做出來了，很神奇吧。我們做出來的財務報表，甚至是用比家庭收支簿還複雜的複式記帳法做出來的！

從交易的兩面性理解財務報表

　　請各位要記得，財務報表中要是有一個帳戶的金額改變，那麼根據交易的兩面性，其他帳戶的金額也會有同等的變化，這個概念會大大幫助我們理解財務報表。

　　舉例來說，假設 A 公司今年的財務報表和去年相比，現金餘額大幅增加了，那公司的股東或經營者可以一邊說著果然現金最棒了，一邊開香檳嗎？在開香檳之前我們必須先想一下，現金為什麼增加、得到現金時付出了什麼代價？

　　我們當然可以透過各種管道找到答案，但如果股東和經營者懂會計，也許就能透過下面簡單的流程，意外地輕

鬆找到答案。

1. 現金增加。
2. 根據交易的兩面性，其他帳戶的金額一定會有變化。
3. 確認其他帳戶的增減內容，想像各種劇情發展。

　　比如說，如果應收帳款（賒銷款項）帳戶金額大幅減少，那我們可以推測是不是終於回收了不良賒銷款項（以減少應收帳款為代價，獲得了現金）。回收了之前沒有回收的錢對公司是有益的，因此我們可以開始考慮要準備什麼食物當作香檳的下酒菜了。下表是我們另外簡單整理出了其他劇情發展。

其他帳戶之確認事項	可預測的劇情發展	交易的八大要素	
		借方	貸方
應收帳款（資產）減少	回收賒銷貨款導致現金增加		資產減少
有形資產（資產）減少	出售有形資產導致現金增加		資產減少
貸款（資產）減少	回收貸款導致現金增加		資產減少
借款（資產）增加	向銀行借款導致現金增加	資產增加	負債增加
營業收入（收入）增加	營業收入增加導致現金增加		收入增加
所得稅費用（費用）減少	所得稅退稅導致現金增加		費用減少

　　第 65 頁的表格記載了「交易的八大要素」以供參考。
「交易的八大要素」是會計前人們整理的規則，就像是九九
乘法表。如果有背九九乘法表，乘法速度就會變快，同樣
的，只要記住交易的八大要素，處理會計的速度也會變快。

　　但我們不是要去考會計師執照，沒有必要為了記住這
八大要素而吃苦，現階段了解交易的兩面性就夠了。反正
接觸久了自然就熟了，就跟九九乘法表一樣！

補充說明

交易的八大要素

交易由 1. 資產增加、2. 資產減少、3. 負債減少、4. 負
債增加、5. 股東權益減少、6. 股東權益增加、7. 費用發
生、8. 收入發生，這八大要素組成，如下表區分成借方
項目和貸方項目。借方項目的交易一定伴隨著其中一個
貸方項目。也就是說，只要 1、3、5、7 其中一個事件
發生，就一定會發生 2、4、6、8 中的一個事件。

借方（左邊）	貸方（右邊）
1. 資產增加	2. 資產減少
3. 負債減少	4. 負債增加
5. 股東權益減少	6. 股東權益增加
7. 費用發生	8. 收入發生

09 上班族的救世主或仇人：複式記帳法

了解複式記帳法的兩個階段，單式記帳法的限制

單式記帳法是只記錄財產的增加及減少的記帳方法。如果領到月薪，就在家庭收支簿上記錄增加的金額，吃了午餐只要記錄減少的金額即可。雖然看起來很簡單，但這也是會計的一種，各位不要想太多。如同前面所說，只要不是複式記帳法的會計，都可以視為單式記帳法。

單式記帳法的強力優點是容易理解，也多虧了這個優點，一般人也能使用單式記帳法做家庭收支簿。但在記錄時，我們可能會多寫一個零或少寫一個零，又或漏記某筆交易等，難免會有各種失誤發生。

問題是，直到月底親自確認現金餘額之前，我們不容易發現失誤，更大的問題是，很難找出是哪裡弄錯了。我

們必須一一確認所有交易明細和餘額，才能找出到底哪裡出了錯。這種麻煩的事要怎麼承擔啊！而且如果是大企業，光是一天的交易量就多得驚人，會計人員可能會為了找出錯誤而需要通宵好幾個晚上。中世紀時是用手記錄帳簿，要是發現帳簿上的金額和實際持有的現金金額不一致，那瞬間真的會陷入緊急狀況。

再加上，家庭收支簿只會顯示現金餘額有多少，不會將什麼東西賣了多少錢、在哪裡花了多少錢等各個項目的明細加以分類。

單式記帳法的這個缺點真的是非常致命，而為了克服這個難關，便出現了複式記帳法。

同時記錄得到和失去的，就是複式記帳法

我們前面提過，所有的交易都可以根據交易的兩面性分成得到的東西和失去的東西。有因就有果，如果要得到某個東西，就必須要付出代價，這點各位務必要記得。將得到的東西和付出的代價（失去的東西）這對交易同時記錄在借方和貸方就是複式記帳法。

舉例來說，在單式記帳法，如果以現金支付 10 萬韓元的通信費，只要記錄現金減少 10 萬韓元即可。右頁是常見的家庭收支簿的例子。

日期	支出	收入	餘額	備註
1 日	10 萬韓元		(-)10 萬韓元	通信費
2 日				

在複式記帳法，要先找到屬於同一筆交易的一對帳戶。以「支付通信費 10 萬韓元」這筆交易來說，就是「以現金 10 萬韓元為代價，使用相當於 10 萬韓元的通信服務」。

1. 發生了通信費 10 萬韓元。
2. 既然通信費增加了 10 萬韓元，根據交易的兩面性，其他帳戶的金額一定也有變動。
3. 作為使用通信服務的代價，支付了現金 10 萬韓元。
   → 通信費帳戶增加 10 萬韓元＆現金帳戶減少 10 萬韓元（一筆交易做兩筆記錄）

借方 通信費 10 萬韓元　　　貸方 現金 10 萬韓元

單式記帳法與複式記帳法的差異

	單式記帳法	複式記帳法
交易的認列	以現金支付通信費 10 萬韓元	發生通信費 10 萬韓元＆支付現金 10 萬韓元
記錄	支付現金 10 萬韓元（備註：通信費）	通信費增加 10 萬韓元＆現金減少 10 萬韓元
財務報表	家庭收支簿	財務狀況表、損益表等

複式記帳法會自動驗證錯誤

　　複式記帳法會將一筆交易做成一對記錄。因此，貸方金額和借方金額都會有相同的金額變化。也就是說，就算發生數筆交易，貸方總金額和借方總金額一定會一樣。

　　如果借方金額和貸方金額不一致，代表會計處理錯誤，這時我們只要採取恰當的措施就可以了。複式記帳法具有自動驗證錯誤的功能，舉例來說，如果總金額不一致，我們只要從數筆交易中找出金額不一致的借方記錄和貸方記錄，並進一步確認就可以了。

　　當然，就算借方金額與貸方金額一致，記錄上的現金數字與實際的現金餘額還是可能會有差異。這有可能是借方金額和貸方金額同時記錯，或漏記了某筆交易，或有虛構的記錄。

　　這種時候，複式記帳法比較能順利地解決問題。舉例來說，假設現金帳戶餘額是 0 元，但實際上現金餘額是 1,000 萬韓元，經確認，發現借方總金額與貸方總金額一致。那麼就讓我們仔細回想是否有現金流入的可能。

　　這麼一想，上個月回收了賒銷款項全額 1,000 萬韓元。那麼，財務狀況表上的賒銷款項（應收帳款）的帳戶金額應該為 0 元，代表已經沒有要回收的賒銷款項了。我們去確認了財務狀況表，發現賒銷款項帳戶的金額仍是 1,000 萬

韓元。這意味著我們沒有記錄到回收賒銷款項 1,000 萬韓元這筆交易，這時只要像下面一樣補記這筆交易就可以了。

現金帳戶增加 **1,000 萬韓元** ＆應收帳款帳戶減少 **1,000 萬韓元**

借方 現金 **1,000 萬韓元**　　**貸方** 應收帳款 **1,000 萬韓元**

複式記帳法整理起來很方便

家庭收支簿只能確認期初及期末金額，若要一目了然地確認從哪裡賺了多少、在哪裡花了多少錢，實在是很棘手。月薪有多少、利息收入有多少、錢到底花在哪裡……如果想知道各項目的明細，就必須從家庭收支簿找出記錄，並按照項目分類後重新計算金額。當然，只要有心就能做得出來，只是在分類的過程中潛藏著遺漏、重複記錄、計算錯誤等各式各樣、數不清的失誤風險，而我們也不想去想要花多久時間分類、計算。

但在複式記帳法，所有的交易都會以帳戶為單位做總計，會那麼麻煩地做雙重記錄不是毫無道理的。還記得交易發生

> **借貸法則**
>
> 在會計，複式記帳法中借方和貸方一致的性質稱為「借貸法則」。

時，我們不僅要記錄現金等的增減，還要記錄使現金金額變動的搭檔吧？當我們想知道為什麼現金金額有變動，像是用多少現金買了什麼資產、領了多少薪水、花了多少餐費、交通費等，只要去確認各個搭檔欄位的金額變化就可以了。也就是說，透過各項會計科目，我們就可以一目了然該科目的增減明細、現況及餘額。

複式記帳法為上班族的救世主

多虧了複式記帳法，會計確實變難了。因為我們要去學在日常生活中沒有接觸過的新概念。但若不是複式記帳法的驗證功能，上班族將會為了確認是否有正確記錄，而無法擺脫加班的魔爪。此外，使用財務資訊的人也將無法透過財務報表獲得各式各樣的資訊。

有人說複式記帳法是歷史上最偉大的發明之一，因此，比起被嫌棄是學會計時的仇人，複式記帳法反倒應當被稱頌為上班族的救世主。

10 約定好大家一起遵守的會計基準（GAAP）

　　在與會計有關係的新聞裡，有個時不時會登場的用語，我將它寫成「GAAP」、念成「GAP」。這時的「GAAP」既不是服裝品牌，也不是意味著代溝的「gap」。會計裡的GAAP是一個準則，為了了解GAAP，我們要先回想一下家庭收支簿的製作方法。

　　在製作家庭收支簿時，如果領到月薪，我們會將月薪記錄成「收入」，或記錄成 (+)；如果吃了午餐並支付現金，那就會記錄成「支出」或 (-)。基於「有收入就加，有支出就減」這兩項原則，才能在家庭收支簿上確認賺的錢和花的錢各有多少，和這個月最終剩下多少錢。

　　會計也是如此。公司在編製財務報表時，會按照某個準則處理會計。要是毫無依據、隨便編製財務報表，那有誰會去相信那個報表？而且那種報表除了編製的人之外，其他人是無法理解的。因此，為了提高可信賴度，並做出所有人都能看懂的財務報表，不管是哪個國家都有反映該

國會計環境的固有會計原則，而所有公司都必須按照國家
制定的會計原則編製財務報表。

這樣的準則用英文稱為 Generally Accepted Accounting
Principles，簡稱 GAAP，直譯的話，意思是「一般公認的會
計原則」。由於各國的產業、政治、經濟環境等皆不相同，
當然就會造就各國獨有的會計環境，也因為如此，所有國
家都有自己的 GAAP。

在韓國，《商法》規定「公司在編製財務報表時，得
遵守普遍公正合理的會計慣例。」此外，韓國會計基準院允
許企業從《股份有限公司之外部監察相關法律》訂定的「韓
國採用國際財務報導準則」及「韓國一般公認會計原則」
中擇一採用。這兩項基準可以說是韓國獨有的GAAP。此外，
韓國《商法》還另訂有「中小企業會計準則」，我們可以
將該準則理解為：為了使中小企業能夠簡便採用而經過簡
化的會計準則「特例」即可。^{（註1）}

韓國採用國際財務報導準則（K-IFRS）

「韓國採用國際財務報導準則」是將國際財務報導準
則（International Financial Reporting Standard, IFRS）修改成
符合韓國環境的準則，我們把這個準則當作是韓國版的國
際財務報導準則即可。比起一長串的韓文名字，我們主要

稱其為 IFRS 或 K-IFRS。上市櫃公司或金融公司等，都必須使用 K-IFRS，不過就算不是規定必須採用的對象，只要公司選擇，當然也可以使用這套準則。（註2）

> **國際財務報導準則（IFRS）**
>
> 基於多國提倡訂定國際通用會計準則的趨勢，國際會計準則理事會（IASB）訂定的會計準則稱為「國際財務報導準則」。不僅是韓國，全世界共有一百多個國家正採用國際財務報導準則。

中小企業會計準則

韓國「中小企業會計準則」是根據《商法》、由法務部長官與金融委員會、中小企業廳商議後告示的會計準則，份量比一般公認會計原則更少，會計的處理方式也較為單純，因此能輕鬆地採用。會計越難，為了會計而需支付的費用就會增加，因此，我們可以將相對簡單的中小企業會計準則想成是：為了中小企業而訂定的會計特例。不過，必須接受外部審計的公司無法使用中小企業會計準則。（註3）

11 結算，會計部門年底很忙的原因

韓國會計年度的最後一天是 12 月 31 日

每當年末年初，全國各地會因為各種尾牙、聚會而鬧哄哄地，大家會和很久沒見的同學見面，也會和朋友們去喝一杯、回憶過去這一年。但是對會計人員來說，年末年初並不是可以放心跑去尾牙或和朋友見面的時候。

許多韓國公司使用的是 12 月 31 日結束的會計年度，因此，會計部門該準備結算（closing）的時期正是年末年初。這時，加班是基本，甚至很多會計人員在 1 月 1 日也要上班。所以，就算在會計部門上班的朋友年末年初時說自己很忙、一直推託邀約，也不要太責怪他們；如果會計部門要求提供結算時需要的資料，也不要一直覺得很不耐煩，因為他們的工作要在收到資料後才能開始。

聽到這種袒護會計部門的話，各位可能會有疑問：不

是由 ERP 系統來處理會計嗎？為什麼會計部門的人會很忙呢？

的確，有了 ERP 系統的幫忙之後，會計變得簡便了，但就像有了洗衣機，並不代表把衣服丟進洗衣機就洗好衣服一樣，我們只是省去了要去河邊敲打衣服的辛勞而已。如果要確實把衣服洗乾淨就要先用手洗，衣服也要按顏色分類，洗衣精也要分類使用。這還沒有結束。洗完衣服後，還要有人去曬衣服、摺衣服。

會計也一樣。雖然 ERP 系統能幫忙解決會消耗精力的單純體力活，但在決定性的瞬間還是需要由人來處理的。在會計年度期間，只要把會計資料輸進 ERP 系統，ERP 系統就會自動幫我們做出「與財務報表格式相似的資訊」。等到會計年度結束、年末年初時，就需要利用這些與財務報表格式相似的資訊，做出「真正的」財務報表，而編製真的財務報表的過程就是「結算」。

結算時要做的主要工作，是將公司在期中根據收付實現制原則處理的項目，轉換成權責發生制原則。換句話說，公司平時會先根據收付實現制原則處理會計，年末結算時再根據權責發生制原則，一次轉換所有會計內容。這時，公司會透過「調整分錄」來執行權責發生制會計，調整分錄如同其字面意思，就是「做調整的分錄」。

補充說明

ERP 系統

ERP（Enterprise Resource Planning）稱為「企業資源規劃」，ERP 系統是為了達到最佳的企業整體資源管理效果，而建立統合性電腦資料庫，以自動調整公司的資金、會計、採購、生產、銷售等的電子系統。我們可以把會計系統視為 ERP 系統的一部分。

我們並不是在只能用雙手解決一切的中世紀學習會計，時代已經不同，我們可以活用電腦和網路，只要確認交易、將其輸入系統，電腦就會處理所有會計流程，做出財務報表。因此，我們不用因為怕算錯而焦躁，也不用那麼細心，如果有錯，系統會自動幫忙挑出來，並告訴我們要盡快解決問題。系統甚至還會告訴我們解決方法，可説是一石二鳥。此外，如果要確認之前的交易，可以利用檢索功能，輕鬆找出我們想要的資料，也就是説，我們不需要一一確認傳票、浪費時間。

結算時，會計的做法不一樣

我們舉個例子，來看看結算時的調整分錄要怎麼做。

1. 預付保險費

　　如果 7 月 1 日支付了 1 年份的汽車保險費 100 萬韓元，那麼期中時會像下面一樣，根據收付實現制原則處理會計。

---

7 月 1 日期中分錄

借方 保險費 100 萬韓元　　　貸方 現金 100 萬韓元

　　但在權責發生制原則裡，上面一年份的保險費 100 萬韓元中，50 萬韓元（100 萬韓元 × 今年 7 月 1 日～ 12 月 31 日）會被視作今年的保險費，剩下的 50 萬韓元（100 萬韓元 × 明年 1 月 1 日～ 6 月 30 日）則被視為預先支付明年的保險費（預付保險費）。因此，12 月 31 日時會像下面一樣調整分錄。

---

12 月 31 日調整分錄

借方 預付保險費 50 萬韓元　　　貸方 保險費 50 萬韓元

　　透過調整分錄，今年的保險費只會認列 50 萬韓元，不

過資產「預付保險費」增加了 50 萬韓元。

---

1. 7 月 1 日：保險費增加 100 萬韓元，現金減少 100 萬韓元。
2. 12 月 31 日：預付保險費增加 50 萬韓元，保險費減少 50 萬韓元。
3. 結果（財務報表顯示內容）：
   一損益表：保險費增加 50 萬韓元（增加 100 萬韓元＋減少 50 萬韓元）
   一財務狀況表：現金減少 100 萬韓元，預付保險費增加 50 萬韓元

---

2. 備抵呆帳

　　等到要結算時，公司會清點能回收多少債權，也就是所謂的呆帳處理。ERP 系統無法幫我們判斷哪種債權能回收多少，這需要有人在分析各種資料後做決定。舉例來說，假設有人分析：「王先生的信用不佳，而且聽說他今年生意失敗，因此公司可能無法回收一半的債權。」再進一步分析的結果是，100 萬韓元的債權中，有 10 萬韓元可能無法回收，代表備抵呆帳預計為 10 萬韓元。換句話說，能回收的債權餘額為 90 萬韓元。這種情況下，結算時要做的事，就是像右頁一樣做調整分錄。

12 月 31 日調整分錄

借方 呆帳費用 10 萬韓元　**貸方** 備抵呆帳 10 萬韓元

透過調整分錄，呆帳費用增加了 10 萬韓元，備抵呆帳增加了 10 萬韓元。

1. 12 月 31 日：呆帳費用增加 100 萬韓元，備抵呆帳增加 10 萬韓元
2. 結果（財務報表顯示內容）：
   —損益表：呆帳費用增加 100 萬韓元
   —財務狀況表：備抵呆帳增加 10 萬韓元（記錄為應收帳款的減項）

除了上面的例子外，結算時還會做許多調整分錄，有時候會需要個人的判斷，有時候則需要考慮到企業整體，並反映經營者的意圖與目的。由於權責發生制原則已經很難，根據該原則沿生出來的調整分錄，自然也就又難又複雜了。

補充說明

應收帳款的減項

在財務狀況表上，備抵呆帳會被記錄成應收帳款的減項。這句話的意思是，我們會如下記錄應收帳款的總金額，並標示出減掉的備抵呆帳金額後，算出最終應收帳款淨額。

應收帳款	100 萬韓元
備抵呆帳	(－)10 萬韓元
總計	90 萬韓元

應收帳款總金額、未來無法回收的金額、最終能回收的金額，三者皆為重要資訊，而且可以從財務狀況表一眼就看出，只不過有的財務狀況表並不會標示出應收帳款總額，而是只將減掉備抵呆帳金額後的淨額標示為應收帳款金額，這點各位可以參考一下。

會計結算的核心：財務報表

　　每到年末，各電視台都會舉辦結算一年的頒獎典禮，典禮的高潮應該就是公布演技大獎或演藝大獎得獎人的瞬間了。

　　我們可以把會計結算想成是，整理一整年度電視節目的電視台頒獎典禮。透過會計結算，公司將能整理一個會計年度發生的各種會計事件，並完成頒獎典禮的焦點——會計大獎「財務報表」。

　　據說，隨著人工智慧的發達而可能消失的職業中，其中一個名列前茅的職業就是會計人員。ERP 系統已經取代了許多會計工作，而且結算作業也比過去更輕鬆了。

　　儘管如此，判斷仍然是人類的工作，呆帳金額應該要設定為多少、折舊的耐用年限多長才合適、負債準備要怎麼設定才合適等決策都要由人來做。因此，我們更有必要知道會計是如何運作的，並了解其原理，才不會被 ERP 系統或人工智慧所取代。

12 金玉其外的記帳手法：窗飾

「數字遊戲？」沒錯，這就是「窗飾」

吳會計師在查帳的時候目擊過好幾次「窗飾」。窗飾是指為了隱匿事實、讓公司的財務報表看起來很漂亮而扭曲其內容的會計手法，今天來介紹其中一個案例。

A 公司的資金業務和會計業務都是由會計主管專任處理，無論是誰都會覺得這位會計主管是個工作狂，而且看起來很為公司費心。他總是說出納人員可能會覺得麻煩，所以都是親自處理銀行業務，而公司的銀行電子憑證也因為保安上的理由，由他親自管理。當時上司們紛紛稱讚他懂得以身作則。

某天，A 公司依法被查帳，吳會計師和組員們一起拜訪了這家公司。但是在查帳期間，那位主管因為身體不適請了病假，一直都聯絡不到人，所以吳會計師連對方的影子

都沒看到。吳會計師總覺得有些奇怪，最終揭發了下面的窗飾與侵占事實。

> 1. 那位主管設立了幽靈公司 C，把自己設為總經理，並偽造了提供服務給 A 公司的記錄。C 公司收取了 A 公司的錢作為接受服務的報酬，而該筆款項其實被主管私自挪用。（高計費用）
> 2. 恣意提領並使用公司現金。在期末結算時，從 C 公司提領現金放入 A 公司金庫、暫時保管，以應付現金查核。結算一結束再馬上把錢還給 C 公司。（高計資產）

因為這起侵占案，該主管遭到了拘留。根據檢方調查，這位主管盜用了公司的錢拿去投資股票，但卻賠光了，公司最終沒能從主管那裡拿回半毛錢。但幸好公司有加入員工誠實保證保險，若是有因員工的違法行為而受到損害時可以得到補償，所以能將損失金額降到最低，不過遭受的打擊仍相當大。

許多不懂會計的人都聽過窗飾，只要有關於會計的新聞報導，大部分的報導內容都是哪家公司做了窗飾，所以就算不了解這個名詞的正確意思，我們都知道窗飾不是好事。

窗飾可能會高計資產或利潤，以欺騙投資者或銀行關係者等財務報表的外部使用者。相反地，窗飾也有可能低計利潤，以達到逃漏稅的目的。因此，窗飾常常會和秘密

資金案件或侵占案件有關。

窗飾手法五花八門

　　下面是各種窗飾的手段。

- 只有在結算的時候暫時借現金放入金庫，將其偽裝成公司資產（虛增資產）
- 虛報明明就不存在的存貨或高估存貨價值
- 明明就沒有發生營業收入卻開出發票，虛增營業收入及應收帳款（或以相同的手法高計營業收入後取走現金，或虛增應付帳款）
- 假裝雇用員工，並支付幽靈員工薪資或退休金，然後取走這筆錢
- 故意低估備抵呆帳、退休準備金等需要估算的項目，漏計費用和負債（或高計，以虛增費用）
- 不認列借款
- 不認列報廢的資產所造成的損失，以高計資產、低計費用。

　　1990 年代，在韓國會計歷史上投下震撼彈的大宇集團窗飾事件中，大宇集團漏記了 15 兆韓元的負債，以低計負

債金額，且未沖銷 4 兆韓元的呆帳（這句話的意思是，無法回收的債權本應認列為損失，但大宇集團卻將其認列為正常的債權），又把 3 兆韓元的假存貨認列成資產等，使用了各種窗飾手段。

窗飾不僅會造成股東和債權者的損失，也有可能導致籌措秘密資金、逃稅、侵占等重大社會問題，因此，公司應該建立內部控管制度，並善用內部稽核，同時也應該接受外部審計人員的幫助等，多方面致力於防止窗飾。

13 會計師查核即是交叉檢查

誰需要接受會計師查核？

　　多年前，吳會計師收到了某位朋友莫名其妙的聯絡。聯絡內容是那位朋友的朋友好像進了一家詭異的公司，希望吳會計師能幫忙確認一下那是怎樣的公司。一想到好像很多人都誤以為，「會計師了解所有叫做『公司』的事。」吳會計師就不禁嘆了口氣。要是公司有接受外部審計那可能還好一點，因為這代表公司的財務報表經過審查，所以我們至少能確認財務報表。可惜的是，並不是所有的公司都需要接受審查或公布財報，這時要得到這間公司的資訊並不容易。

　　根據韓國的《股份有限公司之外部監察相關法律》（以下稱《外監法》），如果這家公司前一營業年度末的資產總額、負債規模或員工人數等，符合法律規定的基準，就

必須要編製財務報表、接受獨立的外部審計人員的查核，並對外公布財報[註4]。由於是依法接受查核，因此又稱為「法定查核」。我們可以在韓國金融監督院的電子公示系統（dart.fss.or.kr）輕鬆找到的會計師查核報告和財務報表，即是接受了法定查核的公司的資訊[註5]。

如果公司不是法定查核對象，就不需要接受外部審計，也沒有義務公布財務報表，而在這種情況下，一般人就很難得知這家公司的狀況。雖然就算不是法定查核對象，只要公司願意，當然就能接受外部審計，這種與法定查核對應的情況，在韓國稱為「任意查核」，但這些公司仍然沒有義務對外公布。

需要接受法定查核的公司的基準及範圍，會隨著《外監法》的修訂而稍微有變動，但一般來說，我們可以將資產或負債在一定規模以上的公司視為法定查核對象。這是因為資產或負債規模越大、員工越多，與該公司有利害關係的人就越多，為了提供可信賴的財務資訊，並將不實資訊造成的損失降到最低，政府決定立法將外部審計義務化。基於相同的目的，上市櫃公司和興櫃公司的股票將在股票市場進行買賣，勢必會有許多利害關係者，因此這些公司也需要接受外部審計。在國外，有許多沒有義務接受外部審計的公司，為了提高公司的可信度，會自發性的選擇接受外部審計，或公布財報。

會計師查核沒有想像中的嚴肅

　　會計師查核是指，由會計師事務所的會計師來查核企業的財務報表。如果企業編製的財務報表交給自家的會計師查核，那一定不會得到確實的查帳結果。因此，對應於內部稽核，會計師查核又稱為「外部審計」，請各位參考。

　　為了執行會計師查核，會計師事務所會每年拜訪企業，查核是否有按照會計準則適當地處理會計（根據企業規模，也會每季、每半年，更加頻繁地查核）。會計師查核時，會查核企業的財務報表、會計帳簿、銀行資料、債權債務資料等各種資料，種類多樣，數量也很多。因此，公司的會計人員在接受會計師查核時會有點孤單，因為要準備的資料很多、很繁瑣，而且常常要加班。

　　實際上，會計師事務所的會計師們不可能在短時間內查核完這麼多資料，及一一確認所有數字，因此只要公司財務報表和會計準則的差異在一定範圍內，會計師們就不會太過關注。

　　如果發現必須糾正，他們也不會馬上就發表查核報告，而是會先親切且一目了然地告知哪些地方有問題，給公司充分的機會修正錯誤，適當地編製財務報表。此時，公司經營者只需進行修正即可，當然也有經營者會找一堆藉口不願修正。

補充說明

令人背脊發涼的幾則會計師查核新聞

新聞 1

某天，某暴力集團跑到了會計師事務所前鬧事。據說，這家會計師事務所對 KOSDAQ 上市公司出具了「無法表示意見」。

新聞 2

某位會計師在失蹤後，被人發現了屍體。據說，這位會計師負責查核了某個利害關係很複雜的組織，且和這個組織在各方面都曾有意見衝突。

新聞 3

前途一片明亮的某位會計師在自家自殺。據說，他留下了遺書表示，擔任會計師查核的期間，受到了相當大的精神壓力。

會計師查核意見的種類

　　會計師事務所在結束查核後，會對該財務報表提出「會計師查核意見」，一共有四種，分別為「無保留意見」、「保留意見」、「否定意見」及「無法表示意見」（詳細內容我們會在後面探討）。其中，「無保留意見」意味著財務報表基本上有按照會計準則編製，此時這家公司財報的對外可信度即會提高。

　　事實上，韓國大部分的公司都會被評定「無保留意見」，看起來得到這個查核結果也沒什麼，但如果沒有被評定「無保留意見」，就是個很嚴重的問題，像是有很多利害關係者的上市櫃公司，就可能會被指定為管理對象，或成為下市對象(註6)。

　　由於大部分的公司都會收到「無保留意見」，因此也有人懷疑會計師事務所有沒有認真查核。但其實，收到另外三種意見即代表這家公司即將倒閉，因此，要是某家企業得到「保留意見」、「否定意見」或「無法表示意見」，可以說是會計師事務所也想要盡全力幫助企業改正財報。

補充說明

如果得到「否定意見」或「無法表示意見」……

會計師事務所會對一個會計年度，也就是一年的財務報表出具查核意見。但除了每年度執行的查核，另外還有每季或每半年執行的核閱。查帳人員每半年核閱後出具的意見稱為「會計師核閱意見」，而非會計師查核意見。如果每半年出具的核閱報告意見為否定意見或無法表示意見（查核報告為保留意見），該公司的股票就會被指定為管理對象。此外，如果在指定的期間內未能改善指定事由，該公司就會被勒令下市（查核意見如果是否定意見或無法表示意見，同樣也會成為下市對象）。

14 會計師查核意見背後的真相

投資前如果要參考會計師查核意見……

「我正在考慮投資某家公司的股票。我去找出了他們的會計師查核報告，發現查核意見是無保留意見。這樣投資這家公司應該沒什麼問題吧？」

每當被問到收到無保留意見的公司是不是適合投資時，吳會計師還真的會「鬆一口氣」。因為很意外地，許多人都誤會了會計師查核與會計師查核意見。

為了消除這個誤會，讓我們先探討查核意見的種類。韓國的查核意見有四種：無保留意見、保留意見、否定意見、無法表示意見（註7），下面是韓國《會計監察基準》規定的內容，用詞可能有點陌生，但請不要想太多，先讀再說。

無保留意見：查帳員推斷財務報表在重大方面依照會

計準則編製時。

保留意見：

1. 查帳員在取得充分且適切的查核證據後，推斷有不實表達嚴重影響部分財報內容時。

2. 查帳員未能取得足以成為依據的查核證據，但推斷未取得的證據可能會嚴重影響部分財報內容時。

否定意見： 查帳員在取得充分且適切的查核證據後，推斷有不實表達嚴重影響所有財務報表內容時。

無法表示意見： 查帳員未能取得足以之能成為依據的查核證據，且推斷未取得的證據可能會嚴重影響所有財務報表內容時。

這裡的查帳員指的是「會計師事務所」，或是由三名以上領有會計師證書的會計師所構成的「查核小組」。查帳員會在查核後對財務報表出具意見，也就是在查核報告中記載下列任一句話，對外公布查帳員的意見。

「足以允當表達」（無保留意見）

「除上段以外……足以允當表達」（保留意見）

「無法允當表達」（否定意見）

「無法表示查核意見」（無法表示意見）

讓我們更具體地了解查核意見。

無保留意見→足以適當表達

　　無保留意見只意味著查帳員認為該財務報表內容「適當」，也就是說，財報有根據會計準則編製，但並不代表在所有方面都完全妥當，而是只有在「重大方面」沒有問題。換句話說，該財務報表在會影響資訊使用者下決策的「重大方面」沒有問題，但在不重要的部分可能不妥，這點要注意！

　　此外，無保留意見絕對不代表公司的收益性佳或適合投資，它僅意味著會計記錄得很符合標準，所以就算公司有虧損，只要有確實記錄在財報上就能收到無保留意見。

保留意見→除上段以外……足以適當表達

　　保留意見如同其字面意思，是受到「限定」及「限制」的意見，意味著雖然確實是有點問題，但扣除掉部分內容，其他內容是適當的，而如果這個問題變得嚴重，就會被出具否定意見或無法表示意見。

> 會計裡的「重大」是指，當財務報表中有漏掉的資訊或不實表達，會影響資訊使用者下決策。換句話說，只要會影響資訊使用者下決策，就代表這個資訊在「重大方面」有重大影響。

否定意見（＝不適當）→無法適當表達

否定意見指會計師查核了公司資料，卻發現財務報表被不實表達且情節嚴重。

無法表示意見（＝無法出具意見）→無法表示查核意見

無法表示意見是指，查帳員無法確實查核公司資料，而其中未能得知的不實表達可能情節嚴重。因為沒能確實查核，查帳員當然就無法出具查核意見而拒絕評定了。

「無保留意見」並不代表就是優良公司

否定意見或無法表示意見一看就知道情節嚴重，而保留意見表示有部分不實表達的內容，也讓人不放心，因此，我們很自然地會覺得，不能投資被出具這些意見的公司。事實上，這些公司在不久之後就會倒閉或被勒令下市，所以問題在於得到無保留意見的公司。

根據韓國金融監督院對 2016 會計年度上市櫃公司之查核報告所做的分析，在 2,081 家公司中，有 2,060 家公司的查核意見為無保留意見，只有 21 家公司例外（保留意見 11 家、無法表示意見 10 家）。幾乎所有公司都收到了無保留意見。如果上市櫃公司收到否定意見或無法表示意見，會被列為下市對象，這就是為什麼市場裡只有收到無保留意

見的公司的股票在交易。

2016 會計年度各市場之會計師查核意見現況

（單位：間、%、%p ／資料來源：韓國金融監督院 2017.8.14 報導資料）

	2015 會計年度					2016 會計年度					增減	
	有價證券市場	KOSDAQ市場	KONEX市場	合計	比例	有價證券市場	KOSDAQ市場	KONEX市場	合計	比例	合計	比例
無保留意見（比例）	735 (99.9)	1,146 (99.3)	113 (100.0)	1,994	99.6	738 (99.6)	1,184 (98.7)	138 (97.9)	2,060	99.0	66	△ 0.6
保留意見		1		1	0.1	2	7	2	11	0.5	10	0.4
無法表示意見	1	6		7	0.3	1	8	1	10	0.5	3	0.2
合計	736	1,153	113	2,002	100.0	741	1,199	141	2,081	100.0	79	

備註： 不含當初收到保留意見或無法表示意見，但在提交修正後財務報表後收到無保留意見的 4
家企業。

　　讓我回到一開始的問題。收到無保留意見的公司全部
都是適合投資的公司嗎？這個問題等於在說，「只要是上
市櫃公司的股票，我們隨便投資都可以大賺一票。」但絕
對沒有這種事，對吧？

會計師查核意見還是可以做基本的判斷

　　收到無保留意見是上市櫃時理應達到的條件。除了會
計師查核報告，財務報表、公司未來的事業企劃、資金流
量、投資現況等，為了判斷是否為合適的投資對象（公司），
投資人需要查核的資訊非常多，查核報告只是有時候會提

供一些線索，讓我們知道至少不要投資哪家公司。

　　為了預防一般投資者因為公司下市而遭受損失，韓國金融監督院會分析並發表有勒令下市徵兆的企業特徵。

　　在各種徵兆中，又尤其有與查核意見相關的徵兆。如果去看被勒令下市的公司過去的查核報告，就會發現查核意見並非無保留意見，或就算是無保留意見，強調事項上大部分會被記載「繼續經營假設存有疑慮」。

補充說明

被勒令下市之企業的主要特徵

根據韓國金融監督院 2014 年 6 月 1 日發表的報導資料，勒令下市事由之主要內容如下。

1. 直接金融籌措現況分析結果顯示，提交上市申報書公開發行、籌措的資金劇減，且透過小額發行及私募籌措的金額劇增：籌措資金條件弱化
2. 最大股東及 CEO 的變動明顯頻繁：穩定性不足
3. 頻繁投資其他公司、目的事業變動頻繁，且增加許多關聯性小的事業：永續性存有疑慮
4. 查核意見中被提及繼續經營假設存有疑慮的機率高

需要注意的評語：繼續經營假設

　　財務報表是在公司未來將繼續經營事業之假設下編製，這在會計裡稱為「繼續經營假設」。設立公司是為了追求利潤，因此無論是哪家公司，都不會以倒閉為目的，但有時候公司內部和外部環境會變得艱難，這時，繼續經營假設就會出現疑慮，代表公司可能無法繼續經營事業。也就是說，公司不久之後可能會倒閉。

> **韓國東洋集團事件**
>
> 2013 年 2 月至 9 月，韓國東洋集團透過東洋證券，將財務狀況不良的關係企業公司債及商業本票（CP）不良銷售（misselling）給四萬多名投資人。2013 年 9 月至 10 月，5 間東洋集團的關係企業申請了破產管理，導致投資人受到了經濟上的損失。

　　就算財報是以持續經營假設為前提編製，並收到了無保留意見，如果企業能持續經營的能力存在疑慮，會計師查核報告裡的強調事項上，就可能會提及「繼續經營假設存有疑慮」。

　　不要忘了 2013 年的韓國東洋集團事件。當時，韓國東洋集團的財務報表收到的查核意見為：該公司在重大方面有依照會計準則編製該財務報表的無保留意見。但由於查核報告上記載著下面內容，因此我們能知道這份報告正提醒著資訊使用者要保持警覺。

節選自東洋股份有限公司
2012 年之外部審計人員之會計師查核報告

依本查帳員之意見，上開財務報表為東洋股份公司截至 2012 年 12 月 31 日及 2011 年 12 月 31 日之財務狀態，截至 2012 年 12 月 31 日及 2011 年 12 月 31 日之兩會計年度的財務績效及現金流量內容皆有依照韓國採用國際財務報導準則，在重大方面允當表達。

如不影響查核意見之附註 46 所述，由於公司的財務報表會在公司之繼續經營假設下編製，故會計之處理亦將公司會透過正常事業活動，以帳簿上的金額回收或償還公司的資產及負債作為前提。然而，截至 2012 年 12 月 31 日，東洋股份有限公司之流動負債比流動資產多 797,168 百萬韓元，且截至同日之會計期間的金融成本比營業淨利多了 39,332 百萬韓元。鑒此情況，本查帳員質疑東洋股份有限公司之繼續經營假設存有重大疑慮。由於公司是否能繼續經營，取決於同附註所說明之為償還債務及因其他資金需求而須執行之下期資金籌措計畫，以及為達到穩定的營業淨利而須執行之財務及經營改善計畫之成功與否，故存有重大疑慮。萬一這類公司的計劃出了差錯，公司之繼續經營假設將可能存有疑慮，故公司將可能難以透過正常事業活動，以帳簿上的金額回收或償還公司的資產及負債。這種不確定性最終可能導致之繼續經營假設不適當時，可能發生之資產及負債金額或與分類記錄相關聯之損益項目修正事項並不會反映在上開財務報表上。

15 會計師查核仍有其限制

雖然查帳並不愉快，但也不是令人不快

　　被調查或被查核終究不是件愉快的事，不論是公司稽核部門進行的內部稽核、還是國稅局進行的稅務查核，我們偶爾會在新聞看到的地檢署、金融監督院、公平交易委員會的稽查等更是如此。也許就是因為這樣，許多人接受「會計師查核」時，會不自覺地受到「被查核」這種負面印象的影響，而沒來由地擔心。

　　但總的來說，會計師查核和我們平時所說的「查核」所屬範疇不太一樣。會計師查核的目的不是在挑公司或員工的錯誤、加以懲罰，因此就算自己的公司被查，只要忍受一點麻煩即可（尤其這個麻煩主要由會計部門來承擔），完全不用擔心。

　　會計師審核的正式定義如下。

> 確認公司編製的財務報表是否有依照「一般公認的會計原則」編製及其一致程度

　　公司的財報不能隨意、隨便編製，而是要依照特定規則（一般公認的會計原則），會計師查核即是確認財務報表是否有按照規則編製的作業，其目的為藉此提高財務報表使用者的信賴度。

會計師查核不會評斷企業的好壞

　　會計師查核過程中，當然也可能會揭發公司的舞弊行為，或發現公司營運沒效率，但這些都只是會計師查核的附帶效果，並非查核目的。

　　查帳員對財務報表出具的意見，並不保障企業未來的存續可能或展望，也不會認證公司的財務狀態或經營成果是否良好、經營團隊是否有效率地執行業務。因此，就算是收到無保留意見的企業也有可能會倒閉，這點各位一定要牢記。

不要太過信奉查核意見

　　讓我們談談其他不太一樣的話題。有種情況是，收到無保留意見的財務報表其實並未依照會計準則編製。對於看財報內容決定投資的人來說，這種情況真的會讓人氣得跳腳。

　　查帳員當然會在自己所處的環境下盡全力查核，再加上他們都有豐富的查核經驗，也確實具備能夠揭發窗飾的系統，因此，只要查帳員有確實查核並出具無保留意見，那這份財務報表是可以相信的。大部分是如此。

　　但無論查帳員多努力查核，也無法一一查核公司的所有資料。有時候，查帳員只能抽查部分資料，而且又有許多時間限制。此外，公司經營團隊可能會大膽隱匿並捏造資訊。因此，在審計準則前言中就明確記載著查核的先天限制如下。

　　查核意見基於合理確信，故即便有依照審計準則適切計畫並執行查核，仍會因為查核存在著先天限制，而有未能發現財務報表之重大不實表達之不可抗力風險。因此，若之後發現有舞弊或錯誤而導致之財務報表之重大不實表達，也不能僅以此為由視查帳員未依照本審計基準查核。

　　也就是說，我們必須了解會計師查核存在著限制，新聞報導的窗飾案件中，有些是公司與查帳員合謀促成，有些是因為查帳員的業務過失，而未能察覺所造成的結果。若是這種情況，查帳員可能會被處以罰金或徒刑，並可能需要負損害賠償責任。但有時候是公司經營者打從一開始就隱匿得太過徹底，而導致就算查帳員適切進行查核，仍未能發現不實表達，如果是這種情況，就算查帳員未能發現窗飾，也無法向其追究責任。

註 1：台灣的財務報表編列，在 2011 年之前是以「我國財務會計準則（ROC GAAP）」為基準，從 2012 年開始，各級企業已陸續改採「國際會計準則（Taiwan-IFRSs）」，且於 2015 年後全面採用 Taiwan-IFRSs。

註 2：台灣的國際會計準則（Taiwan-IFRSs），是由財團法人中華民國會計研究發展基金會逐號翻譯國際會計準則（IFRSs）後，經一定之覆核程序後發布，作為企業編製財務報告之依據。

註 3：台灣非公開發行企業是採用「企業會計準則（Enterprise Accounting Standard, EAS）」，是由財團法人中華民國會計研究發展基金會制訂，於 2015 年起施行。

註 4：台灣對於公司財報查核及公布的規定，是依照《營利事業委託會計師查核簽證申報所得稅辦法》，其中第二章第三條規定，金融保險業、公開發行股票之營利事業、享有免徵營利事業所得稅且全年營收淨額大於新台幣 5,000 萬元之營利事業、依法規定合併辦理所得稅結算申報之營利事業，及全年營收淨額大於新台幣 1 億元之營利事業，必須經由財政部核准登記為稅務代理人之會計師查核。

註 5：台灣企業可在台灣證券交易所的「公開資訊觀測站」（http://mops.twse.com.tw/mops/web/index）查看。

註 6：台灣對於被查核為「保留意見」的上市公司，會被法院裁定緊急處分，暫停股票交易。緊急處分一般期間為 3 個月，可延長一次，若半年內法院未裁定重整，將可能清算公司。

註 7：台灣的會計師查核意見分為 5 種：無保留意見、修正式無保留意見、保留意見、否定意見、無法表示意見。

Part 3

培養讀懂財務報表的能力

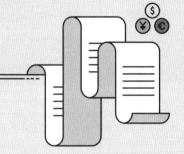

16 財務報表是為了投資人而誕生

什麼是財務報表？

曾為了貸款踏進銀行的人應該都知道，要貸款就需要提交各種資料給銀行。對銀行來說，這是為了篩選出不會拿了錢就跑的人。

投資者也一樣，必須知道公司的營業情況是否良好、是不是有可能即將倒閉、擁有多少現金等各種財務狀況，才能做出成功的投資決策（這樣可以將失敗機率降到最低）。而為了分析公司的財務情況，投資者會利用的東西正是公司的「財務報表」。

韓國會計基本原則的「財務會計概念體系」中記載著，財務報表（「財務會計概念體系」原稱財務報表為「財務報告」，但在這裡我們可以將其理解為財務報表）的最終目的，是為「提供投資者及債權人在做決策時有用的資訊」。

既然其他功能都是由此衍生而來，那麼財務報表到底是什麼，才能在下決策時提供有用的資訊呢？

財務報表總共有五種

財務報表的英文為 Financial Statements，常常被簡寫成 FS，我們可以解釋成「關於財務的說明書」。

財務報表是關於財務的「所有」資料，因此不會只有一種，我們可以推測它有好幾個種類，就結論來說，正式的財報共有五種；財務狀況表、損益表、現金流量表、股東權益變動表、文字附註（除了這五個報表，亦有各種關於會計的資料，但如果沒有要專門走會計這條路，記得這五個表就夠了）。

1. 財務狀況表（Statement of Financial Position）

反映某一時間點企業財務狀態的報告。我們現階段先把它想成是，說明某一時間點存款餘額的證明書就可以了。很多人會把財務狀況表稱為資產負債表，各位可以記起來。

2. 損益表（Income Statement）

反映某一期間企業經營成果的報告。損益表會說明公司一年內賺了多少、花了多少，我們可以把損益表記成扣

繳憑單或所得證明。

3. 現金流量表（Statement of Cash Flow）

反映某一期間企業現金流量的報告。對初學者來說可能會很難了解，可以先把現金流量表記成是，會記錄某一期間內現金增加和減少的銀行帳戶交易明細。

4. 股東權益變動表（Statement of Changes in Equity）

反映某一期間企業的股東權益變動相關資訊的報告。如同名字的字面意思，股東權益變動表會顯示股東權益在某一期間如何增加、減少及增減的金額，初學者只要知道有這種報表存在就可以了。

5. 附註（Note）

提供與各項財務報表相關重要資訊的報告。其他財務報表只會以數字反映公司的狀態，而附註則是以文字提供各式各樣的資訊。報告書常常會附上參考文獻和參考內容，如果附在頁面下方稱為「腳註」，在文件結尾處稱為「尾註」，而腳註和尾註統稱為「附註」，

> **損益表**
>
> 韓國採用國際財務報導準則指定的財務報表為綜合損益表而非損益表。綜合損益表和損益表並沒有太大的差異，我們不用把它想得太複雜。現階段先記得損益表即可。

財務報表中使用的附註也具有相同性質。附註常常意外地充滿了重要資訊，各位看財務報表的時候也一定要記得看附註。

　　為了提供有用的資訊，財務報表會提供某一時間點及某一期間的資訊，某一時間點是顯示當下的狀態，某一期間則是反映該期間內得到了哪些成果。兩個資料相輔相成，因此如果將兩種資訊都納入考量範圍，將有助於減少差錯，相當有益。

五種財務報表及特徵

財務報表	特徵	內容
1. 財務狀況表	某一時間點	財務狀況
2. 損益表	某一期間	經營成果
3. 現金流量表		現金流量
4. 股東權益變動表		股東權益變動
5. 附註	某一時間點或期間	其他重要資訊

補充說明

合併財務報表及單獨財務報表

看財務報表時,我們將常常看到「合併財務報表」這個用語。

合併財務報表:將母公司和子公司當作一個經濟實體的財務報表。

單獨財務報表:編製合併財務報表的母公司的個別財務報表。

在會計中,「合併會計」也屬於很難的範疇,因此我們先不要費心去探究得太深,無論是合併財務報表,或是單獨財務報表,它們不過就是個財務報表。如果只想看三星電子的財務報表就去看(單獨)財務報表即可,如果想要一份報告就反映出三星電子和其子公司的財務狀態及經營成果的,可以去找合併財務報表。

17 財務報表的兩種性質

　　吳會計師有一位同事是大雁爸爸（送小孩出國讀書，讓老婆陪小孩在海外生活，自己則留在國內賺錢養家的爸爸），他已經將兩個孩子和老婆送去了美國，自己一個人留在韓國。想到以後可能會有需要，吳會計師就問了那個同事關於留學手續的問題。

　　「為了留學和就業去美國時，會需要拿到簽證。這裡有個有趣的現象。如果從會計的角度來看，為了得到留學簽證而提交給美國大使館的資料，內容相當有趣。」

　　同事回覆的內容大致上是這樣的。如果要得到美國留學簽證，簽證申請人（或擔保人）需要提交財力證明給大使館，證明在留學期間有足夠負擔學費和生活費的經濟能力，且結束留學生活、歸國後，在本國國內的經濟基礎是否穩固等事實。具體來說，有薪資所得證明、所得扣繳憑單、

存摺正本或存款餘額證明書等。[註1]

　　這是為了事先查證申請者會不會在結束留學該回國時，因為經濟上的問題而賴在美國不走，又或是會不會沒有留學資金就跑到美國，結果成為非法居留等。如果資料不齊全，簽證申請可能會被駁回，要是好不容易得到了入學許可，卻因為沒能得到簽證而必須放棄留學，一定會覺得荒唐又委屈。

簽證申請流程中也有財務報表的概念

　　上面關於留學簽證的話題重點在於，財務報表中反映公司的所得、支出及財務政狀況的各種指標，與我們申請留學時確認財產的資料非常相似。

　　事實上，始於財報、終於財報的，就是會計，要說財務報表是會計的核心、會計的終結者也不為過。

　　既然都提到了簽證，為了幫助各位理解財務報表，要不要再多說一點關於簽證的事呢？

　　吳會計師的同事申請簽證時提交的財力證明資料如下。

所得扣繳憑單

所得扣繳憑單是支付薪資的人在記載支付的所得和扣繳的稅金後，寄發給領取所得的人的資料。依照所得的種類，會以不同的形式寄發。舉例來說，公司會給員工「薪資所得扣繳憑單」、銀行會給存戶「利息所得扣繳憑單」，而如果是其他所得，支付人會提供「其他所得扣繳憑單」。

第一，所得扣繳憑單

所有上班族都會在年末拿到所得扣繳憑單，是證明某個期間內個人收入及被扣繳稅金金額的資料。如果是薪資所得，公司會寄發薪資所得扣繳憑單。

	各 類 所 得 扣 繳 暨 免 扣 繳 憑 單				統一編號		
利息所得存款帳號				扣繳單位扣繳義務人	名稱		
					地址		

編號：

格	式	代	號	及	所	得	類 別（請打ˇ，不同類別應分開填寫）

50 □薪　資
50C □薪　資（大陸地區來源所得）
51 □租　賃
　固定資產 □ 房屋（符合住家用途得減除）
　　　　　□ 房屋
　　　　　□ L 土地
　　　　　□ J 其他（　）
　非固定資產 □ K 價券租借
　　　　　　 □ I 其他（　）

53 □權利金
利　息
　5A □金融業利息
　5B □其他利息
營利所得
　54 □86 年度或以前年度股利或盈餘
　54Y □其他（　）

9A □執行業務
　　　執業別或代號（　）
9B □稿費及講演鐘點費等 7 項
　98 □非自行出版
　99 □自行出版
91 □競技競賽及機會中獎獎金

93 □退職所得
其他所得
　97 □受贈所得
　95 政府補助款 □A 實報實納
　　　　　　　□B 非實報實納
94 □員工認股所得
92 □其他（　）

所得人姓名或單位名稱				國民身分證統一編號或所得單位統一編號			
所得人地址	市縣	區鎮市鄉	里村	鄰	路街	段	巷　弄　號之　樓之
所得所屬年月	所得給付年度	給付總額(A)	扣繳率	扣繳稅額(B)	給付淨額(C=A－B)		依勞退條例或教職員退撫條例自願提(撥)繳之金額(D)
自 年 月至 年 月	年度	(A)納稅義務人結算申報，應按本欄數填報。	照所得扣繳率標準填寫	(B)扣繳稅額至元為止	(C)本欄數字係供參考請扣繳義務人填寫		(D)本欄數字係供參考請扣繳義務人填寫
租賃房屋	坐落地址	市縣	區鎮市鄉	里村	鄰	路街	段　巷　弄　號之　樓之
	稅籍編號					備　註	
掃瞄編號※本欄請勿填寫或蓋章				第 1 聯：報核聯 由扣繳義務人申報交稽徵機關據以登錄歸戶			

※申報所得格式代號 51I、51J、54Y、92 或 9A 者，請於所得類別欄位括弧內填註給付項目、執業類別或代號。
※為避免財政資訊中心掃瞄結果模糊不清，影響納稅服務，本聯應直接以黑色原子筆填寫，不得移印複寫。
※本單如有匿報短扣情事，扣繳義務人願依法受罰。
※依勞工退休金條例規定自願提繳之退休金或年金保險費，合計在每月工資 6% 範圍內，或依學校法人及其所屬私立學校教職員退休撫卹離職遣條例規定撥繳之款項，免計入薪資給付總額，其金額應另行填寫於(D)欄，該納稅義務人結算申報時無需填寫。

106.11.76.600份

台灣薪資所得扣繳憑單表格

第二，薪資所得證明

薪資所得證明是證明有申報所得並交稅的人，「在某一期間之所得金額」的資料。

第三，存款餘額證明

存款餘額證明是證明某一時間點的存款餘額的資料。由開戶銀行核發。

薪資所得證明和所得扣繳憑單會顯示在一年的期間內，我們從公司領到了多少薪資、獎金等所得，以及一年內繳納的稅金金額，但存款餘額證明顯示的是，截至證明核發日有多少存款餘額。這時，我們可以發現一個重要的概念，財力證明資料可分為兩種：1. 顯示某一期間的所得的資料、2. 顯示截至某一時間點的財力金額的資料。

美國大使館為什麼會要求兩種資料都要提供呢？

首先，帳戶餘額證明會顯示核發日這個時間點擁有多少錢，餘額越多，就越能表示自己有充分的能力負擔留學資金。但如果只有存款餘額證明，無法正確掌握這個人的財務狀況和經濟能力。說難聽一點，就算這個人昨天借高利貸、將錢存入銀行帳戶，然後在拿到存款餘額證明後，馬上把錢提出來還回去，我們也無從確認。

也就是說，美國大使館會想要進一步確認，簽證申請者未來是不是能維持經濟能力，才會要求提供能證明某一期間的所得的資料，也就是薪資所得證明和所得扣繳憑單。如此一來，便可以確認對方一年內賺了多少錢，也能預測未來會有持續性的收入。

　　相反地，如果只有薪資所得證明也可能會有問題。就算過去一年的年薪非常高，但要是支出超過了年薪，就會沒多少錢可用。也就是說，簽證申請者繳不出學費、在美國非法居留的機率會增加。因此，美國大使館才會要求提交存款餘額證明，以判斷截至當下，對方是否擁有一定程度的現金。

　　就結論來說，我們會發現，為了判斷現在和未來是否具有穩定的經濟能力，美國大使館是有在縝密地計算、評估。

　　好了，在這個簽證話題，我們要記得的重點有兩個。

　　第一，在審查簽證申請時，為了評估一個人的經濟能力，會審核財力證明資料。
　　第二，財力證明資料必須要能讓人評估「某一時間點」及「某一期間」的經濟能力。

　　雖然可能很難相信，但我們就在剛剛幾乎學完了財務報表。因為只要記得上面的兩個重點，我們就能輕鬆掌握財報的目的和普遍性質。

大使館確認財力證明，投資人確認財報

　　公司投資者和債權人會利用財務報表評估公司，而編製財務報表的根本目的，正是為了提供投資者和債權者有用的資訊，那我們該說明的其實都說明完了。這和美國大使館為了評估簽證申請人的經濟能力，要求提交財力證明資料是一樣的。

　　財務報表是在揭露公司某一時間點的財務狀況，以及某一期間的經營成果、現金流量、股東權益變動，與申請簽證時被要求提交的財力證明資料具有相同性質，仔細的內容我們會慢慢深入，現階段只要先記住上面的兩個重點。

補充說明

輕鬆找到財務報表

各位可能會覺得財務報表很難。可是找財務報表也這麼困難嗎？如果找財務報表是一件難事，那「提供投資者或債權人有用的資訊」這個會計的目的將會變得無地自容。因此，法律規定有眾多利害關係者的上市櫃公司、規模大的公司等必須公開財務報表，讓所有人都能輕鬆找到。如果對財報有興趣，可以先打開電腦，然後去訪問投資對象（公司）的網站，點選網頁內的企業資訊、IR（Investor Relation）等，不僅能確認公司的財務報表，還能找到各種財務資訊。

除了公司網站，找財務報表最簡單的方法是訪問韓國金融監督院的電子公示系統（dart.fss.or.kr）。達到一定資產規模的公司有義務依法接受會計師查核，並將受查後的財務報表公開給所有人看（當然也有無法在電子公示系統搜尋到的公司。無須接受會計師查核的公司就不需要公布財務報表，各位可以記一下）。在電子公示系統檢索有興趣的公司，就能找到會計師查核報告、財務報表、年度報告等各種財務資訊[註2]。

台積電的網站畫面，我們可以發現有提供各種財務資訊。

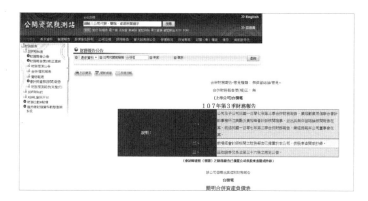

公開資訊觀測站檢索畫面

18 交易的名字：帳戶

帳戶及會計科目：會計也會做「帳戶分類」

　　如果對會計有興趣，就會時不時看到「帳戶（account）」或「會計科目（title of account）」這兩個用語。這並不是很難的概念，各位沒必要因為不知道這兩個用語就畏怯。

　　為了理財，會計師會做「帳戶分類」。帳戶分類是指，將每個月花的錢按照用途分類、管理帳戶，由於能一眼就看清現金流量，因此在理財時會很有幫助。會計祖先們似乎也很清楚「帳戶分類」這個理財道理，為了將公司各式各樣的交易依類似的性質分類並整理，而使用了名為「帳戶」的東西。

　　會計裡的帳戶和理財時使用的帳戶很像。

　　我們分類銀行帳戶、理財時，會根據存款的目的及性質，幫帳戶取名字為「生活費」帳戶、「儲蓄」帳戶等。在

會計裡也是如此。在我們呼喚它的名字前，帳戶不過就是一個空白的、為了記錄交易而準備的假想空間。就和銀行帳戶一樣，為了區分交易種類，我們會幫會計裡的帳戶取名字，像是「建築帳戶」、「借款帳戶」、「營業收入帳戶」、「人工成本帳戶」。

這時，我們不會稱「建築」、「借款」、「營業收入」、「人工成本」這些幫帳戶取的名字為「帳戶名」，而是稱其為「會計科目」。下面的財務報表裡，「科目」這一欄的下方有各種帳戶，這些科目就是會計科目。

三星電子 2016 年之財務狀況表（單獨財務報表）之部份內容

財務報表

財務狀況表
第 48 期：截至 2016 年 12 月 31 日
第 47 期：截至 2015 年 12 月 31 日
三星電子股份公司

（單位：百萬韓元）

科目	附註	第 48 期（本期）		第 47 期（前期）	
資產					
I 流動資產			141,429,704		124,814,725
1. 現金及約當現金	4,6,7,31	32,111,442		22,636,744	
2. 短期金融商品	5,6,7,31	52,432,411		44,228,800	
3. 備供出售金融資產 - 短期	6,9,31	3,633,460		4,627,530	
4. 應收帳款	6,7,10,31	24,279,211		25,168,026	
5. 應收款項	10	3,521,197		3,352,663	
6. 預付款		1,439,938		1,706,003	
7. 預付費用		3,502,083		3,170,632	

明細分類帳和總分類帳是什麼？

　　既然我們幫帳戶取了名字，那就讓我們把屬於該名字的所有交易都集中在那個帳戶裡。像這樣把一個帳戶的交易內容、交易日期、金額等集中在一起，也就是某個帳戶的明細稱為「明細分類帳」。而將明細分類帳集中在一起的東西稱為「總分類帳（general ledger，GL）」。如果不是會計部門或稅務部門，幾乎不會看到這兩個用語，各位參考即可。

　　也許有人會想了解明細分類帳和總分類帳，因此我來舉幾個簡單的例子。內容並不難，各位可以在不忙的時候，以輕鬆的心情讀過就可以了。

　　截至 1 月 1 日，A 公司持有現金 1 億韓元。然後 A 公司在 3 月 31 日用現金 1 億韓元購買了建築。這是現金減少 1 億韓元但建築增加了 1 億韓元的交易。

　　為了記錄上面這筆交易，我們在名為「現金」的帳戶上記錄減少 1 億韓元，然後在名為「建築」的帳戶上記錄增加 1 億韓元。（也許難以相信，但我們只用一句話就編製完了財

分錄及過帳

會計會透過分錄開始記錄交易，這些最初記錄會被分類、轉記到名為帳戶的「存摺」，而這個轉移記錄的過程我們稱為「過帳（posting）」。最近的會計系統非常發達，只要分錄就會馬上過帳，因此不管是分錄還是過帳，我們都不用去費太大的心思。

務報表，這是因為財務報表會將各個帳戶的金額放在一起。
我們就先相信是這樣，因為比起編製方法，我們現階段先
熟悉編製好的財務報表比較重要。）

---

3 月 31 日分錄

借方 建築 1 億韓元　　　　　貸方 現金 1 億韓元

　　如果像這樣累積一年的交易，現金帳戶裡會有完整一
年之間的現金交易明細。同樣的，建築帳戶裡會記有所有
建築的增減明細。這跟銀行帳戶（存摺）一模一樣。

　　實際上，明細分類帳和總分類帳與銀行存摺長得很像，
下圖是記錄了上開交易的總分類帳戶，各位可參考。總分類
帳和銀行存摺幾乎一樣，只是在會計裡，會把存摺裡的「存
款」、「提款」稱為「增加」、「減少」罷了。目前建築
物帳戶餘額為 1 億韓元，現金帳戶餘額為 0 韓元。

總分類帳

會計科目：建築

日期	摘要	增加	減少	餘額
1 月 1 日	期初			0
3 月 31 日	支付現金	1 億		1 億

會計科目：現金

日期	摘要	增加	減少	餘額
1月1日	期初			1億
3月31日	購買建築		1億	0

補充說明

會計帳戶與銀行帳戶

會計裡，帳戶的英文是 account，會計科目的英文是 title of account。有趣的是，如果去銀行辦一個存摺，就會開立一個帳戶，而銀行帳戶的英文是 bank account。

也就是說，美國人會使用同一個單詞 account 稱呼會計和銀行使用的「帳戶」。會不會是會計祖先們真的一邊想著存摺，一邊做出了會計裡名為「帳戶」的概念呢？

19 學習財務報表，從財務狀況表開始

反映真實狀況的財務狀況表

到底是誰取了這個名字呢？取「財務狀況表」這個名字的人應該是有非常棒的取名品味，因為我們光看名字就知道這是何種報告。

第一，財務狀況表（Statement of Financial Position）顧名思義是反映「財務狀況」的報告。財務狀況表很重要，是因為它會不加掩飾地告訴資訊使用者，公司目前擁有多少資產、多少負債。

第二，財務狀況表是一個關於「時間點」的報告，「狀況」這個詞本身就具有「特定時間點的當下情況」的意思。

也就是說，財務狀況表是反映某一時間點的財務狀態的報告。

接下來的關鍵問題是，財務狀況到底是什麼？財務狀

況會反映出公司的財產，也就是「資產」的狀況，以及公司是怎麼籌措資金之「負債」與「股東權益」的狀況。在這裡，公司的資產、負債、股東權益合稱為「財務」。

因此，財務狀況表是一份會一目了然地顯示截至某一時間點，公司有多少資產、負債、股東權益的文件。下面是財務狀況表的正式定義。請各位參考。

> 提供截至某一時間點，企業持有的經濟資源「資產」、經濟義務「負債」、股東權益等相關資訊的財務報告

下頁是三星電子 2016 年的合併財務狀況表（合併財務狀況表包含了子公司的財務狀況表，我們在這裡先把合併財務狀況表和財務狀況表當作是一樣的東西。順帶一提，沒有包含子公司的財務狀況表的表稱為單獨財務狀況表）。各位可能會因為項目非常多、金額又很大，而覺得很有負擔，但只要知道財務狀況表長怎樣即可，不要太擔心。

讓我們來玩找找看遊戲。請找出截至 2016 年，三星電子的資產總額和負債總額有多少。

找到解答了嗎？答案是「截至 2016 年，三星電子的資產總額為 262,174,324（百萬韓元）、負債總額為 69,211,291（百萬韓元）」。哇，不愧是大企業。

三星電子 2016 年之合併財務狀況表

財務報表

合併財務狀況表
第 48 期：截至 2016 年 12 月 31 日
第 47 期：截至 2015 年 12 月 31 日
三星電子股份公司及其子公司

（單位：百萬韓元）

科目	附註	第 48 期（本期）		第 47 期（前期）	
資產					
I 流動資產			141,429,704		124,814,725
1. 現金及約當現金	4,6,7,31	32,111,442		22,636,744	
2. 短期金融商品	5,6,7,31	52,432,411		44,228,800	
3. 備供出售金融資產 - 短期	6,9,31	3,633,460		4,627,530	
4. 應收帳款	6,7,10,31	24,279,211		25,168,026	
5. 應收款項	10	3,521,197		3,352,663	
6. 預付款		1,439,938		1,706,003	
7. 預付費用		3,502,083		3,170,632	
8. 存貨	11	18,353,503		18,811,794	
9. 其他流動資產		1,315,653		1,935,460	
10. 備供出售資產	30	885,806		77,073	
II 非流動資產			120,744,620		117,364,796
1. 備供出售金融資產 - 長期	5,9,31	6,804,276		8,832,480	
2. 投資關聯企業及合資	12	5,937,884		5,267,349	
3. 有形資產	13	91,473,041		86,477,110	
4. 無形資產	14	5,344,020		5,396,311	
5. 長期預付費用		3,834,831		4,294,401	
6. 淨確定福利資產	17	557,091		-	
7. 遞延所得稅資產	28	5,321,450		5,589,108	
8. 其他非流動資產		1,572,027		1,999,038	
資產合計			262,174,324		242,179,521
負債					
I 流動負債			54,704,095		50,502,909
6. 長期負債準備	18	358,126		522,378	
7. 其他非流動負債		2,062,066		2,642,140	
負債合計			69,211,291		63,119,716
股 東 權 益					
歸屬於母公司業主之權益			186,424,328		172,876,767
I 股本	20		897,514		897,514
1. 特別股股本		119,467		119,467	
2. 普通股股本		778,047		778,047	
II 資本公積			4,403,893		4,403,893
III 保留盈餘	21		193,088,317		185,132,014
IV 其他權益項目	23		(11,934,586)		(17,580,451)
V 備供出售其他權益項目	36		(28,810)		29,797
非控制權益			6,538,705		8,183,088
股東權益合計			192,863,033		179,059,805
負債及股東權益合計			262,174,324		242,179,521

資產、負債與股東權益的同居生活

前面提過，財務狀況表是說明某一時間點的財務狀況的報告，財務是資產、負債、股東權益，因此財務狀況表上就只會出現截至某一時間點，公司這三方面的相關內容。如果說財務狀況表是一個家，那這個家裡就有資產、負債和股東權益同居，他們之間有著複雜而又奇妙的相互關係，即是下一章節會探討的「會計恆等式」。

在探討這個奇妙的關係之前，我們先按照 1. 負債、2. 股東權益、3. 資產這個順序了解它們各是什麼東西。

退休後，如果想創業的話就需要錢，事業資金可以透過貸款準備，也可以是退休金、存款等本人持有的錢。在會計，根據事業資金的來源，借來的資金稱為「負債」、自己籌措的資金稱為「股東權益」。

1. 負債

如果向銀行貸款或跟身邊的人借錢，這個債務會記錄成「負債」。現階段先把負債單純理解成「債務」即可。借錢給公司的銀行或高利貸業者是

> ### 資產、負債、股東權益
>
> 下面是資產、負債、股東權益的正式定義，如果看過一次但無法理解，可以當作沒看到。
>
> - 資產：因為過去的事件得到的結果，由企業控制，且未來預計會為企業帶來經濟利益的資源。
> - 負債：因為過去的事件而發生，且預計會導致企業犧牲具有經濟利益的資源之當前的義務。
> - 股東權益：企業的資產扣掉所有負債後剩餘的份。

公司的債權人。

2. 股東權益

　　我們想像用自己的資金創業就可以了。如果用退休金創業，這筆退休金在會計稱為「股東權益」，公司的主人是股東。因此，股東投資的創業資金就是公司的「股東權益」。

　　負債不是我們自己準備的資金，而是從其他地方籌措來的事業資金，因此負債歸屬於債權人，股東權益則歸屬於股東。

3. 資產（＝財產）

　　既然透過負債和股東權益籌措了事業資金，那就要開始正式經營事業了。如果要經營事業，就要有辦公室，還需要電話跟影印機等機器或設備，也要裝修。簡單地說，我們要花錢。雖然花了錢，我們卻也得到了設備或機器等「財產」。現在，我們只要回想前面探討過的等價交換原則，也就是交易的兩面性就可以了。

　　在會計裡，公司用籌措來的資金（負債與股東權益）購買的土地、建築、機械、設備等，或其持有的現金等財產稱為「資產」，此外，透過經營事業而增加的應收帳款、現金、存貨等也當然都是資產。

根據各種需求使用的財務狀況表

　　為什麼就算很麻煩，也還是要將負債、股東權益、資產仔細記錄在財務狀況表上呢？有鑑於交易的兩面性、複式記帳法、會計師查核等，明明很難卻還是需要學起來的東西非常多，這就不禁讓人期待財務狀況表有著某些重要的功能。

提供會影響投資決策的重要資訊

　　準備投資公司的投資者們，應該評估這家公司未來會有多少利潤、是否有做好賺錢的準備。因此，雖然當下賺得的收入很重要，但我們同樣需要了解公司以什麼為本錢賺錢，即公司的資產有多少。

　　公司持有多少現金、是否有充分的生產機器及設備、有沒有可以設立工廠的土地或建築、是否有租借建築使用（押金等）、還有多少尚未回收的賒銷款項（應收帳款等）……等，這些全部都可以利用財務狀況表確認。

　　此外，投資者還要確認公司有沒有太多負債，如果負債太多，公司就有倒閉的風險，或被利息費用壓得喘不過氣，導致最終可能無法支付股利。遇到這種情況就需要重新考慮是否要投資這家公司，而關於借款的資訊也都可以利用財務狀況確認，所以財務狀況表非常重要。

提供會影響貸款決策的重要資訊

　　為了決定是否能借錢給申請貸款的公司、利率要設多少等，銀行也會參考財務狀況表。這是因為透過財務狀況表，能知道公司的現金調動能力有多高、是否有充分的資產足以抵押、會不會已經背了太多的債。

提供供應商選擇基準之相關資訊

　　大規模工程計畫在選擇供應商時可能會規定，只有財務狀況表上的資產規模達到一定金額的公司才能參與招標，因為公司的資產規模夠大，才會被認定該公司具備執行大型建設工程的能力。

提供會計師判斷查核對象（公司）的基準

　　根據韓國 2017 年修正的《外監法》，財務狀況表上之前一營業年度末的資產總額達 120 億以上的股份有限公司，及前一營業年度末的負債總額為 70 億以上、且資產總額為 70 億以上的股份有限公司，也需要接受會計師查核。此法規旨在，有鑑於資產或負債規模越大、利害關係者也就越多，因此規定查核對象必須接受會計師查核，使其提供可信賴的財務資訊。

提供判斷中小企業的基準

如果公司是中小企業，就能得到各種租稅優惠及補助，但必須符合營業收入或行業等之必要條件。而且就算達到所有條件，如果財務狀況表上的資產總額為 5,000 億韓元以上，該公司就不會被視為中小企業。

補充說明

財務狀況表與貸款成數

讓我們想像去銀行辦理房屋抵押貸款。銀行在將貸款人的房屋作為擔保放款時，會利用貸款成數（Loan To Value ratio，LTV）決定貸款金額。LTV 是房屋的抵押價值除以最高可貸金額之比率，可以看出銀行是怎麼計算房屋價值的比率。假設 LTV 為 60%、房屋的市值為 2 億韓元，2 億韓元的 60% 即 1.2 億韓元為可抵押貸款到的最高金額。可見銀行放房屋抵押貸款時，抵押房屋的資產價值扮演極為重要的角色。

公司也是如此。在做投資或放貸給公司的決策時，要事先分析該公司持有的資產或負債是否在合理水平，才不會失敗。像這些投資時需要考量的各種資產、負債相關資訊就在財務狀況表裡。

20 會計界的三角關係：
負債、股東權益和資產

讓我們從截至公司設立日的狀況，探討負債、股東權益、資產的關係。

（D＋0日）

向銀行借了現金 100，然後股東投資了現金 200，共籌措到了現金 300 作為資金。公司將用這筆資金開始經營事業。

現金是資產。基於交易的兩面性，向銀行借錢等同於發生了貸款 100、名為現金的資產增加 100。而股東投資等同於流入股東權益 200、現金增加 100。讓我們來想想看如果整理上面的內容，會變得怎麼樣。因為是用四則運算法計算，所以非常簡單。

負債增加 100　　　　　　　　＝現金增加 100

(+) 股東權益增加 200　　　　　＝現金增加 200

(=) 負債 100 ＋股東權益 200　　＝現金 300

（D ＋ 1 日）

如果要開始經營事業，就要購買機器設備，也要買一點存貨。機器設備和存貨都是資產。也就是說，為了購買資產會需要花到現金。購買機器設備花了現金 200、購買庫存花了現金 50，而現金剩下 50。（我們可以將購買、儲蓄、持有資產視為運用籌措的資金。）

這時，我們只使用了投資的資金，而未返還債權人或股東資金。因此，請記住負債和股東權益維持不變。

接下來，讓我們把購買機器設備和存貨的這筆交易整理得跟上面一樣。

負債 100 ＋股東權益 200 ＝ 現金 300（D ＋ 0 日餘額）

　　　　　　　　　　　　　　＝機器設備增加 200、現金減少 200

(+)　　　　　　　　　　　　　＝存貨增加 50、現金減少 50

(=) 負債 100 ＋股東權益 200 ＝現金 50 ＋機器設備 200 ＋存貨 50

（D＋2日）

將以 **50** 購買進來的存貨加工後，以 **70** 售出。那麼會剩下 **20** 的利潤。

公司的利潤屬於公司的主人「股東」。因此，股東權益增加了 20。

負債 100 ＋股東權益 200 ＝現金 50 ＋機器設備 200 ＋存貨 50
（D+1 日餘額）

(+) 利潤增加 20　　　　　　＝現金增加 70、存貨減少 50

(=) 負債 100 ＋股東權益 220 ＝現金 120 ＋機器設備 200

將上面一連串的情況連貫起來觀察的話，就會開始發現負債、股東權益和資產之間有著奇妙的關係。各位有沒有發現，負債與股東權益的總計金額與資產的總金額一樣呢？總的來說，不管發生了多少筆交易，這種關係不會有任何變化。這是為什麼呢？

答案其實非常簡單，只要直觀地去想就可以了。我們有的錢（股東權益）是固定的，這些錢可以花掉，也可以儲蓄（資產）。如果想要花更多的錢，就必需要借錢（負債），而我們只能再多花借來的這些錢。這是非常理所當然的事。

借的錢和自己的錢（籌措的資金）＝儲蓄、使用或預計
使用的資金（資金運用）

資產＝負債＋股東權益

公司會運用藉由負債和股東權益籌措到的資金購買資產，而公司只能使用其籌措到的資金。因此，籌措到的資金「負債和資本的總計金額」與資金的運用結果「資產」的總金額當然就會相同。我們把這種現象用圖來表示看看。

會計恆等式

	負債
資產	股東權益

如同上面的財務狀況表，表現出負債、股東權益、資產三個同居人的關係的公式就是「會計恆等式」。但其實這說不上是什麼公式，不過如果好好記住這個概念，未來在許多地方都能派上用場。

財務狀況表本來瘦瘦長長的

為了理解方便，我們在上方畫的會計恆等式圖上加上

「左邊」和「右邊」這兩個詞。（我們有提過在會計，左邊和右邊分別稱為借方和貸方。）

借方（左邊）	貸方（右邊）
資產	負債
	股東權益

　　前頁的圖表與上圖並沒有太大的變化，但上圖卻成了非常重要的表格，因為它正是財務狀況表的基本骨架。真正的財務狀況表比上圖更周密、詳細，但沒有更難，大部分的會計教科書也會為了幫助學生理解，把財務狀況表做跟上圖一樣。

　　只是，上圖和前面三星電子的財務狀況表長得完全不一樣，可能有人會用懷疑的口氣說「少在那邊跟我唬爛」，但雖然看起來不太一樣，實際上卻是一樣的。實務上的財務狀況表會印在 A4 紙上，A4 紙的寬度較窄，為了列印方便，便會將骨架圖右邊（貸方）的負債和股東權益移到資產下方，把表格做得像下表一樣瘦長了。

資產
負債
股東權益

　　就算財務狀況表變醜了，仍然遵守「資產＝負債＋股東權益」。如果不相信，可以隨便找個財務狀況表來確認，就讓我們再看一次三星電子 2016 年的合併財務狀況表吧。我們可以確認到三星電子的資產總額是 262,174,324（百萬韓元）、負債總額是 69,211,291（百萬韓元），附帶一提，股東權益總額是 192,963,033（百萬韓元）。讓我們把這些資料帶入會計恆等式。

> 資產 262,174,324（百萬韓元）＝負債 69,211,291（百萬韓元）＋股東權益 192,963,033（百萬韓元）

　　但如果是比較會玩找找看遊戲的人，就會馬上確認財務狀況表下方叫做「負債及股東權益合計」的項目。

　　「負債及股東權益合計」金額和「資產合計」金額一樣，對吧？這證實了財務狀況表不過是將會計恆等式拉長，成為具體化的表格罷了。

21 一點都不像的異卵雙胞胎：
股東權益及負債

　　財務狀況表是反映截至某一時間點的財務狀況的財務
報表。透過財務狀況表，我們可以一目了然地確認截至某
一時間點，公司如何運用了資金、其結果（資產）和資金
籌措狀況（負債和股東權益）又如何。

　　舉例來說，如果去看 2016 年三星電子的合併財務狀況
表裡的資產合計，上面一一記載的帳戶和金額，代表截至
2016 年 12 月 31 日三星電子的資產狀況，其中包括現金、
應收帳款、有形資產等資產的組成和金額都有被仔細記錄。

　　資金的籌措狀況會告訴我們公司從哪裡籌措到了資金，
這即是「負債及股東權益的狀況」。因此，我們只要看「負
債及股東權益合計」上面記載的內容即可。各位可能會因
為有許多名字看起來很難的會計科目，而開始覺得煩躁。
我們先爽快地把它們無視掉，單純解讀成「既有借款，又
有名為○○負債的會計科目。這樣看來，應該是有從各種
地方借錢來用。」然後跳過即可。此外，我們可以藉由股

東權益項目確認到,透過股東投資的金額,及過去公司直接賺得而未來將歸屬於股東的利潤(保留盈餘),公司籌措到了相當多的資金。

在重複一次,不管看到何種財務狀況表,負債和股東權益的總計金額會和資產的合計金額一致。如果透過負債與股東權益籌措資金,並用籌措到的那筆錢購買資產(或不把錢花掉,以現金形式保管),那籌措到的錢(負債和股東權益)與購買的資產(及剩餘現金的總計金額)金額不可能會不同,對吧?

我們只要記得前面探討過的會計恆等式即可。如果負債和股東權益的總和與資產的總和不一致,那代表處理會計時出了錯,或有人侵占資金,總之就是有地方出了問題。我們只要用常識去思考就可以了。

一定要還:負債;不一定要還:股東權益

現在讓我們想一想,到底為什麼要區分負債、股東權益、資產。這是因為雖然關於資產的資訊很重要,但根據公司籌措資金的方法不同,籌措到的資金會有不同的性質。也就是說,為了使資訊使用者們在分析財務報表的數字時,能對不同性質的資金做出合理的判斷,所以區分成負債、股東權益、資產。

　　就算這樣說明，各位可能仍然感到毫無頭緒，讓我們更具體地去探討。

　　如果藉由負債籌措資金，公司未來一定要償還這筆貸款，因此，如果有記錄負債金額，資訊使用者就能預測未來公司要還的債有多少。也就是說，資訊使用者可以防患未然。

　　相反地（只要不減資等），公司沒有理由償還股東權益。此外，公司賺得的利潤屬於股東權益，公司未來可能將其當作股利分配，也有可能不使用利潤、留在公司。

　　如上面所說，負債與股東權益的籌措來源不同，資金的償還及分配等性質也截然不同。再加上，由於資產是運用籌措到的資金而得來的結果，其性質與負債、股東權益當然就不同了。因此，如果能按照性質區分三者、另作記錄，利害關係者們就能更便利的利用資訊。

負債、股東權益、資產的差異和特徵

	資金籌措來源	償還本金	分配
負債	債權人貸款	需償還本金	支付利息
股東權益	股東投資	不需償還本金	支付股利
資產		運用籌措的資金	

因為分開記錄，看起來也更方便

　　如果分開記錄負債和股東權益，資訊使用者就能只靠財務狀況表，就馬上確認公司未來要償還的債有多少、短時間內為了償還債務需要多少資金等。公司在設立各種資金計劃時，這種被分類的資訊會變得相當有用。

　　投資者或債權人在下決策時，這些財務狀況表也會很有幫助。比如說，如果公司短期內要償還的負債（短期借款）太多，那一個不小心就可能會倒閉。光看財務狀況表，就能大致確認投資對象（公司）倒閉的可能性。因此，個別確認負債、股東權益及資產的相關資訊非常重要且有益。

　　會區分負債和股東權益，會不會是因為會計祖先們在深思熟慮後，認為反正會計的起頭都已經很難了，只要再稍微忍受一點麻煩（區分負債、股東權益、資產的麻煩），就能得到好幾倍以上的效果，而設立的戰略呢？

註 1：根據美國在台協會網站，台灣人申請美國非移民簽證時需提出的薪資證明，若是學生身分可提出銀行對帳單、定期存款單，若是在職成年人，可提出由僱主發出的最近三個月薪資單。

註 2：台灣企業可在台灣證券交易所的「公開資訊觀測站」（http://mops.twse.com.tw/mops/web/index）查看。

補充說明

什麼是財務狀況表，什麼是資產負債表？

各位以後可能會常常看到有人叫某個長得像財務狀況表的報告為「資產負債表」。這時，各位應該會想知道到底哪個表才是正確的。

如果要對此下個結論，那就是：財務狀況表和資產負債表是一樣的報告。本來名為資產負債表的報告在採用國際財務報導準則（IFRS）後，從前幾年開始，單純改名為財務狀況表罷了。資產負債表的英文是 Balance Sheet，簡寫成 BS。財務狀況表的英文是 Statement of Financial Position，會簡寫成 SFP、FP。用英文簡寫的時候，比起 SFP 或 FP，BS 更常被使用。因此，就算看到有人嘴巴上説財務狀況表，卻寫成 BS，也不用太困惑。

Part 4
為了投資者而誕生的財務狀況表

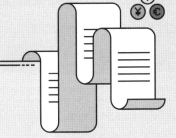

22 可換穿的衣服：流動及非流動

財務狀況表的細部構造

　　財務狀況表是反映資產、負債、股東權益狀況的財務報表。前面有說過，這裡的資產是財產、負債是債務、股東權益是我們自己投資的錢。現在讓我們再更仔細一點探討財務狀況表的細部構造。首先，我們先回想一下下面單純的財務狀況表。

借方（左邊）	貸方（右邊）
資產	負債
	股東權益

　　現在開始，我們會細分資產、負債、股東權益，不過無論分得再怎麼細，它們的本質都不會改變，因此各位不需要太擔心。

流動及非流動

資產分為流動資產和非流動資產，同樣地，負債也分為流動負債和非流動負債。我們先做成下面的表格。

借方（左邊）	貸方（右邊）
資產＝流動資產＋非流動資產	負債＝流動負債＋非流動負債
	股東權益

流動資產的「流動」可以解釋成「預計在 12 個月內實現，或意圖於正常營業週期內出售或消耗」。同樣地，流動負債的「流動」可以解釋成「預計在 12 個月內，或正常營業週期內清償的」。但就算這樣解釋，各位可能還是無法確切的了解意思，如果還是不清楚，我們不妨直接記住下面的意思。

> 流動資產：一年內可兌現的資產
> 流動負債：一年內必須清償的負債

只要不是流動的資產及負債，皆為非流動資產及非流動負債。在這裡我們要記住的是，就算同樣是資產，根據能兌現的時間，可以分成流動資產或非流動資產。負債也一樣，就算都是向銀行借的錢，它可能是流動負債，也可

能是非流動負債。

　　比如說，明年（即 1 年內）屆滿而需償還的借款為流動負債，但如果不是明年，而是後年之後才會屆滿的長期借款就是非流動負債。

分成流動及非流動的原因

　　同樣是負債，為什麼要那麼麻煩，分成流動和非流動呢？會計會變得複雜，絕對是為了提供更有用的資訊，也許有人會覺得，「越複雜不就越難嗎？這根本就是詭辯。」但會計的目的真的是如此。

　　會分成流動、非流動也一樣，目的是藉由分開記錄公司短期內能兌現的資產金額、短期內要償還的債務金額，幫助資訊使用者們能夠更加正確地了解公司的狀況。我們可以把這當作是會計祖先們小小的貼心行為。

　　假設看到公司的資產很多，我們就判斷風險不會太大，但實際上到了票據到期日、要償還債務時，卻發現資產都是短時間內無法兌現的資產組成的，這樣會有什麼樣的結果呢？不管資產再怎麼多，如果沒辦法馬上兌現，公司就無法償還債務，最後當然會倒閉。

　　我們再假設某家公司的負債規模很大，所以我們判斷風險很大，但卻發現這些負債全部都是超過 20 年後才會到

期的長期借款，各位怎麼看呢？我們至少不會輕易斷定「這是一家因為負債，而可能在短時間內倒閉的高風險公司」。

流動和非流動，如同可換穿的衣服：
流動性轉換

　　由於現金本身可隨時使用，因此現金天生就是流動資產。但也有不同於現金、難以區分的資產或負債，借款就是其中一個例子。期限為 1 年的借款會在明年屆滿，所以是流動負債，那滿期是 3 年的借款呢？貸款當下是非流動負債，但如果經過一段時間、屆滿日變成明年，這時要怎麼處理呢？我們不用想得太複雜。流動和非流動的概念就跟我們會隨著季節換穿衣服一樣。

　　既然滿期變成了 1 年內，那我們把非流動換成流動即可，只要改成流動負債就可以了。

　　我們稱這種作法為流動性轉換。這時，被轉換的新資產（負債）會為了與本來就是流動的資產（負債）區別，而使用流動債券、長期流動負債等會計科目，記錄在流動資產（流動負債）項目裡。像這樣，就算是一樣的資產或負債，根據剩餘的滿期，有些年度會被處理成流動資產（流動負債），有些年度則會被處理成非流動資產（非流動負債），各位參考一下。

23 細分財務狀況表：資產

財務狀況表上的資產們

對於財務狀況表上要列示的資產會計科目，會計準則舉了下面的例子。

> 有形資產、投資性不動產、無形資產、金融資產、採用權益法之投資、生物資產、應收帳款及其他應收款、現金及約當現金、備供出售資產、本期所得稅資產、遞延所得稅資產

這意味著，會計準則希望公司至少使用這些會計科目，因此，如果能記住上面的科目，未來在各方面將很有幫助。只不過數量確實是有點多，再加上有的會計科目如果仔細深入，就會越來越難，但如果不是要當會計師，只要看到

會計科目時覺得很熟悉就可以了，所以各位不要太有負擔。

下表是將第 145 頁圖中的資產帳戶擴大後，進一步細分後做成的表格。如果再深入一點，就會發現有許多會計科目，而且根據種類，會計的處理方式也會不同。不過各位要記得，不管分得在怎麼細，它們終究都只是資產。

借方（左邊）		
資產	流動資產＋ 非流動資產	1. 有形資產 2. 投資性不動產 3. 無形資產 4. 金融資產 5. 採用權益法之投資 6. 生物資產 7. 存貨 8. 應收帳款及其他應收款 9. 現金及約當現金 10. 備供出售資產 11. 本期所得稅資產 12. 遞延所得稅資產

1. 有形資產

有形資產就是有實體的資產，是公司為了經營事業而使用的資產。我們可以先把不動產、機械、辦公設備、汽車等，看得到的財產都看作有形資產。

2. 投資性不動產

　　顧名思義是指以投資為目的而持有的不動產。公司建築、工廠用地等,公司為了直接使用而持有的不動產歸類為有形資產,而為了將賺取價差等具有投資目的資產與有形資產做區別,我們會另外設定一個名為投資性不動產的會計科目。

3. 無形資產

　　無形資產即是沒有實體的資產,專利權、授權、開發費等,就是具有代表性的無形資產。

4. 金融資產

　　指將收取現金、其他企業的權益工具、金融資產的權利／有利的條件作為代價,交換金融資產或金融負債的契約權利、以權益工具償還或能以權益工具償還的特定合約。雖然聽起來很複雜,但我們可以把財務狀況表上的金融資產單純理解為,理財時使用的各種金融商品(股票、債券、衍生性商品等)就可以了。

5. 採用權益法之投資

　　公司當然也能投資其他企業的股票。如果公司購買的股票是以賺取價差為目的,會被歸類為金融資產。但有時

候，公司購買股票不一定是為了投資，而是意在控制其他公司，這時會採用名為權益法的高階會計做法，因此，以控制為目的而持有的股份，會使用名為「採用權益法之投資」的會計科目記錄。

6. 生物資產

顧名思義是指與活著的動物或植物相關的資產，只不過，並不是所有的動植物都歸於此，只有與農林漁業活動相關的才能記錄成生物資產。舉例來說，動物園裡的雞是以觀賞之事業目的而養殖的動物，因此屬於有形資產，但食品公司的雞是為了販售農畜產品、以進行農林漁業活動為目的而養殖，因此屬於生物資產。

7. 存貨

是指公司為了銷售而生產的，或是為了生產而持有的原料或消耗品。百貨公司常常會「庫存清倉」，以優惠的價格便宜出售東西，我們聯想這個庫存（存貨）就可以了。存貨會再細分為商品、消耗品、原料、在製品及製成品等。

就算同樣都是資產，有形資產是以使用為目的所持有的資產，投資性資產雖然會出售，但卻是以賺取價差等投資目的而持有，存貨則是為了公司的營業活動「銷售」而持有的資產。這樣記會比較好理解。

8. 應收帳款及其他應收款

應收帳款及其他應收款是指應該要收取的錢。應收帳款是出售商品或提供服務後收取的錢，其他應收款是因為應收款項或預付款等其他原因而發生之應該收取的錢（或未來獲得商品或服務的效益等）。應收帳款及其他應收款可以細分為一般應收帳款及其他應收款、應收帳款－關係人／其他應收款－關係人、預付款及其他。

應付帳款及其他應收款其實也符合金融資產的定義，只是在財務狀況表裡，會將出售商品等而發生的應付帳款及各種金融商品分開記錄。

9. 現金及約當現金

現金就是現金，約當現金則是流動性非常高的短期投資，即「容易轉換成定額現金，且價值變動風險極低的資產」。現金及約當現金由紙鈔、硬幣、外幣、支票、銀行本票、匯票、郵政匯票、支票存款、銀行存款、支票存款開戶保證金、商業票據（CP）、存單（CD）等構成。

10. 備供出售資產

想要處分掉以使用為目的所持有的資產時，持有目的變更的資產（或資產類別）會被歸類為備供出售資產（或處分資產類別）。

11. 本期所得稅資產

　　公司繳納的所得稅金額超過應繳納金額時，超出的金額會認列為本期所得稅資產，也就是政府應該退還給公司的稅金。相反地，公司要補繳的所得稅金額為本期所得稅負債。

12. 遞延所得稅資產

　　遞延所得稅資產是在處理遞延所得稅而衍生出來的資產科目，可定義為「因為將被減除的暫時性差異，而可在未來的會計期間回收的所得稅金額」，我們只要記得名字就可以了。

24 細分財務狀況表：負債

財務狀況表上的負債們

前面說過負債是債務。如果以會計的方式說明，「債務」指「企業負擔的現時義務」。這裡的義務指需要支付現金的義務（賒購款項、借款等）、提供其他資產或服務的義務（預收款等）」等。

財務狀況表上要列示的負債科目如下，種類比資產少。

應付帳款及其他應付款、負債準備、金融負債、本期所得稅負債、遞延所得稅負債、備供出售負債

貸方（右邊）		
負債	流動負債＋ 非流動負債	1. 應付帳款及其他應付款 2. 負債準備 3. 金融負債 4. 本期所得稅負債 5. 遞延所得稅負債 6. 備供出售負債

1. 應付帳款及其他應付款

　　應付帳款為賒購商品或服務時應償還的債務，其他應付款顧名思義，就是應付款項、預收款、應付費用等應付帳款以外的其他債務。

2. 負債準備

　　負債準備是指支付時間或金額不確定的負債。不同於銀行借款，負債準備為沒有屆滿日或金額的費用，是因為權責發生制原則而誕生的會計科目。舉例來說，假設公司要對今年出售的商品承擔一定期間的保固，雖然無法知道保固費用確切的發生時間及金額，但還是要估算該費用，並且記錄成當下的債務（產品保固之負債準備）。負債準備細分成員工福利負債準備及其他負債準備（重組負債準備、有待法律程序決定之負債準備、環境相關負債準備等），依公司的狀況，會有各式各樣的負債準備，我們只要知道

有這種會計科目存在就可以了。

```
公司債

公司債是指股份有限公司發行
代表其為確定債務之證券，向
多數人借巨額的長期資金而發
生的負債。
```

3. 金融負債

金融負債是指，向交易對象交付現金等金融資產的契約義務、在潛在不利條件下與交易對象交換金融資產或金融負債之契約義務、將來用或可以用企業自身權益工具償還的特殊契約等。光看定義可能會覺得很難，我們直接想成是銀行借款、公司債等，我們平時就已經知道、從某個地方借來的「債務」就可以了。

本來應付帳款或應付款項等也是要支付交易對象現金的義務，因此屬於金融負債，但為了提供資訊使用者們有用的資訊，財務狀況表會將在公司的營業活動過程中發生的債務「應付帳款」，及從某個地方借來的債務「借款」，分開記錄。

4. 本期所得稅負債

指公司應負擔的本期所得稅中尚未繳納的金額。如果公司估算的所得稅正確，那財務狀況表上的本期所得稅負債金額會和公司實際繳納的所得稅一致。但這只是理論上而已。一般來說，一個會計年度的財務報表會在下一年度的一月編製，而所得稅申報及繳納則是在下一年度三月進行，

因此實務上，本期所得稅負債金額常常會與實際繳納金額有差異。

5. 遞延所得稅負債

　　遞延所得稅負債可定義為「因為將加上的暫時性差異，而將在未來的會計期間繳納的所得稅金額」。遞延所得稅會計在會計也屬於困難的領域，因此我們只要知道有這種會計科目存在就夠了。

6. 備供出售負債

　　被歸類為屬於備供出售之處分資產類別的負債，會與備供出售資產另作區別，記錄成備供出售負債。

25 細分財務狀況表：權益

財務狀況表上的股東權益們

　　前面有提過，股東權益是指股東投資的創業資金，及實收資本和公司賺得的屬於股東的利潤。一般來說，財務狀況表上的股東權益科目如下。

> 股本、資本公積、其他權益、其他累積綜合淨利、保留盈餘（或虧損）

　　就像我們前面探討資產和負債時一樣，如果放大財務狀況表上的股東權益帳戶，就會像右頁表格一樣。詳細內容會在「股東權益變動表」章節仔細探討。在這裡，我們先確認名字就可以了。

貸方（右邊）		
股東權益	1. 實收資本＋ 2. 屬於股東的利益＋ 3. 其他	1. 股本 2. 資本公積 3. 保留盈餘（或虧損） 4. 其他權益 5. 其他累積綜合淨利

1. 實收資本：股本＋資本公積

　　實收資本是指股東投資公司的創業資金。其中，股本即是法定股本（股票面值），資本公積是藉由與股東們的交易使股本增加的盈餘。

2. 屬於股東的利益：保留盈餘

　　公司賺得的利潤減掉分配掉的股利金額等之後，剩下的、完全屬於股東的利潤。我們之後會再仔細探討。損益表上的「本期淨利」會在財務狀況表上的保留盈餘科目裡一點一點累積起來。也就是說，保留盈餘科目扮演著連結財務狀況表和損益表的媒婆角色。

3. 其他：其他權益＋其他累積綜合淨利等

　　其他權益是指若按項目性質，無法歸類於資本交易或為最終投資的資本，或若按權益的增減性質，無法歸類為股本或資本公積的項目。其他累積綜合淨利則是指，會計

上不認列為本期損益的收入，及費用項目「其他綜合淨利」
的累積額。在這裡只是先介紹定義，各位只要記得科目名
字就夠了。

補充說明

三星電子財務狀況表的會計科目分類

目前為止我們探討了財務狀況表上構成資產、負債、股
東權益的會計科目。但如果拿真正的財務狀況表來比
較，可能會產生疑惑。因為前面探討的會計科目，有時
候會與實際財務狀況表上的會計科目不同。

會計是一個相當實用的領域。會計準則只不過是前人告
訴我們，怎麼處理會計比較合適的建議，以及現代學者
提出的一個準則而已，並沒所謂的正解。因此，公司雖
然會參考會計準則，但如果有適合自家公司的會計科
目，就會另設、刪除、修改科目。

我們整理了下表，供各位參考三星電子的財務狀況表採
用了多少會計準則提供的例子。

大分類	中分類	會計準則	三星電子的財務報表
資產	流動資產 ＋ 非流動資產	有形資產	有形資產（非流動）
		投資性不動產	無
		無形資產	無形資產（非流動）
		金融資產	短期金融商品（流動） 短期備供出售金融資產（流動） 長期備供出售金融資產（非流動）
		採用權益法之投資	投資關聯企業及合資（非流動）

		生物資產	無
		存貨	存貨（流動）
		應收帳款及其他應收款	應收帳款（流動） 應收款項（流動） 預付款（流動） 預付費用（流動） 長期預付費用（非流動）
		現金及約當現金	現金及約當現金（流動）
		備供出售資產	備供出售資產（流動）
		本期所得稅資產	無
		遞延所得稅資產	遞延所得稅資產（非流動）
負債	流動負債 ＋ 非流動負債	應付帳款及其他應付款	應付帳款（流動） 應付款項（流動） 扣繳（流動） 預收款（流動） 應付費用（流動） 長期應付費用（非流動）
		負債準備	負債準備（流動） 長期負債準備（非流動） 淨確定福利負債（非流動）
		金融負債	短期借款（流動） 流動長期負債（流動） 公司債（非流動） 長期借款（非流動）
		本期所得稅負債	應付所得稅（流動）
		遞延所得稅負債	遞延所得稅負債（非流動）
		備供出售負債	備供出售負債（流動）
		其他 *	其他流動負債（流動） 其他非流動負債（非流動）
股東權益	實收資本 ＋ 屬於股東的利益 ＋ 其他	股本	特別股股本（實收資本） 普通股股本（實收資本）
		資本公積	股本發行溢價（實收資本）
		保留盈餘（或虧損）	保留盈餘（屬於股東的利潤）
		其他權益（或資本調整）	其他權益項目（其他） 備供出售其他權益項目
		其他累積綜合淨利	其他權益項目（其他）

※ 其他：我們可以把其他流動資產、其他非流動資產、其他流動負債、其他非流動負債等，當成是把不怎麼重要的資產及負債放在一起的會計科目。

26 不是誰都可以成為有形資產

非洲獅和西伯利亞虎

　　韓國愛寶樂園裡有一個叫野生動物世界的地方，那是一個會讓動物們逍遙自在的空間，遊客們可以搭車看窗外自由闊步的動物。吳會計師曾帶著孩子們去野生動物世界，然後再次感受到了人類是多麼厲害，因為他在那裡看到了在自然生態系統絕對無法目睹的光景。如果不是人類的力量，又有誰能想像得到，生活在草原的獅子和棲息於西伯利亞的老虎，在同一個空間一決雌雄的樣子呢？

　　在會計裡，老虎和獅子也活在同一個空間，名為有形資產的會計科目裡。在會計，有形資產的定義如下。

> 指以生產或提供商品或服務、租借給他人、為了使用於管理活動而持有之具有實體的，且預計使用超過一會計期間的資產。

　　如果只看定義，可能會不知道在說什麼、覺得很難。但有形資產顧名思義，就是指「具有實體的（有形）資產」，換句話說，就是眼睛看得到的資產，不會很難理解。如果要簡化定義，我們會說，有形資產是滿足了下面三個條件的資產。

有形資產 1：具有實體的資產

　　有形資產這個名字非常直白，光看字面就能知道它的意思是「具有實體的（有形）」資產。讓我們現在就看看四周。土地、建築、道路、橋、汽車、沙發、書桌、筆記型電腦、施工中的建築、甚至在路上徘徊的狗等，我們能看到許多東西，像這樣眼睛看得見的，都有資格成為有形資產。

有形資產 2：用於事業而持有的資產

　　有形資產是公司為了使用而持有的資產。換句話說，為了生產商品或提供勞務、租借給他人、用於管理活動等，以用於事業為目的所使用的資產。土地、建築、機械設備、汽車、用品等就是具有代表性的例子。

　　雖然一樣具有實體，但與為了銷售而持有的「存貨」，及以投資為目的而持有的「投資」不同，會另作區別。

有形資產 3：預計使用超過一個會計期間（1 年）的資產

在會計，支付現金購買資產時，不會在付錢的時間點記錄成費用，而是先處理成資產，然後在使用期間分攤記錄成費用。這是採用權責發生制原則，而非收付實現制原則而造成的結果，也就是所謂的「折舊」。我們之後會有機會了解折舊。

如果購買後會在 1 年內使用完畢或丟棄的話，不管是在購買的時間點記錄成費用，還是在使用時記錄成費用，都是在同一個會計期間裡，因此我們沒有必要刻意採用比較複雜的權責發生制原則來處理，也正因為如此，只有預計使用超過 1 年的資產會被視為有形資產。

有形資產會計科目

讓我們回到野生動物世界。老虎和獅子都像下面一樣符合有形資產的定義。

1. 具有實體的資產：老虎和獅子都有實體。
2. 用於事業而持有的資產：飼育老虎與獅子是為了讓遊客欣賞（提供展示服務）。
3. 預計使用超過一會計期間（1 年）的資產：除非病死，不然都會在野生動物世界飼育 1 年以上。

因此，愛寶樂園將老虎和獅子都記錄成稱為「動物」的有形資產。

三星物產（前愛寶樂園）2016 年之有形資產變動明細

財務報表

種類	土地	建築物及構築物	動·植物	其他	建設中的資產	總計
2016 年 1 月 1 日						
成本或估定價值	2,247,048	2,090,638	63,985	1,131,765	485,443	6,018,889
累計折舊	—	(432,184)	(2,116)	(446,799)	—	(881,099)
分擔工程費	—	—	—	(3,508)	—	(3,508)
帳面淨值	2,247,048	1,658,454	61,879	681,458	485,443	5,134,282
2016 年期中變動額						
取得	20,633	16,326	451	193,638	252,627	463,675
處分	(49,149)	(23,743)	(173)	(39,403)	(347)	(112,815)
折舊費用	—	(69,184)	(2,320)	(183,396)	—	(254,900)
更換	18,411	75,265	2,609	402,651	(425,749)	67,187
其他增減（＊）	1,286	(20,362)	5,136	2,198	(24,478)	(36,220)
期末帳面淨值	2,232,229	1,616,756	67,582	1,057,146	287,496	5,381,709
2016 年 12 月 31 日						
成本或估定價值	2,232,229	2,211,981	72,041	1,792,328	278,496	6,596,075
累計折舊	—	(575,225)	(4,459)	(731,982)	—	(1,311,616)
分擔工程費	—	—	—	(3,250)	—	(3,250)
帳面淨值	2,232,229	1,636,756	67,582	1,057,146	278,496	5,261,209

把活生生的生物稱為資產，這可能會讓人覺得不太能接受，但沒有辦法，會計本來就是無情的。

公司並不一定要使用某個有形資產科目，各公司可以反映其獨有的特性，新設或統合會計科目。儘管如此，除了幾個特別的項目，各公司使用的其實都差不多，下面是

常見的有形資產會計科目的例子。

1. 土地：指公司為了營業活動取得的地。公司用地、工廠用地等，我們本來就知道的地就是土地。（像這樣，會計科目很常把日常生活中使用的名詞照搬來使用）以賺取價差或轉售為目的取得的地，不列為有形資產，而會歸類於投資性不動產或存貨。

2. 建築物：指公司為了營業活動取得的建築物。公司建築物、倉庫建築物、工廠建築物等屬於這裡。以租賃、賺取價差、出售為目的持有的建築物會被歸類為投資性不動產、存貨等。

3. 構築物：是指非固定，或建設於土地、建築物上的土木工程設備、人工建築物及附屬設備。包含設立於公司持有土地上的橋樑、設備、上下水道、道路、堤防、隧道、信號設備等各種設備。

4. 機械設備：用於營業為目的之機械及其附屬設備。顧名思義，我們想成公司為了製造等而持有的機械即可。

5. 建設中的資產：如同字面意思，就是「目前正在建設中的資產」，包括為了建設有形資產所支付的原料費、人工費、經費、承包金額等，以及為了取得有形資產所支付的定金或中期付款等，都是暫時放在這個會計科目裡。取得有形資產需要很久的時間，所以會需要能夠暫時保管

的科目，我們這樣想就可以了。如果已經取得了該項有形資產，保管在建設中的資產科目的金額，就會轉記到建築、機械設備等符合該項目的會計科目（建設中的資產為臨時科目，因此也不是折舊對象）。

6. 船舶／飛機：以營業為目的持有的船／飛機。

7. 交通及運輸工具：公司車輛、卡車等。

8. 辦公家具、辦公設備、什項設備、備品、工具、器具等：書桌、椅子等家具、各種什項設備或備品、機械加工過程中使用的工具等，都歸屬於這裡。

9. 租賃設備：為了租賃建築的室內裝修及設備支付費用時，室內裝修也屬於有形資產。

如果是重要的有形資產會另作記錄，但如果沒有非常重要，就可以一概記錄成「其他有形資產」。

27 持有特殊有形資產的企業

有形資產是企業的血型

　　吳會計師在看熟人的臉書時，無意間發現了一個現象而嚇了一跳。他發現，只要看上傳到臉書的照片或文章，就能看出對方感興趣的事情、喜好、個性、信念、家族關係、朋友關係等一個人的整體特性。

　　原來這個人喜歡咖啡。
　　原來這個人有去教會。
　　原來比起狗，這個人比較喜歡貓。
　　原來這個人有偏於某個政黨的政治傾向。

　　在會計裡，有形資產就如同上傳到 SNS 的照片或文章，如果觀察有形資產的明細，就能多少推測出該公司是做什

麼的。這是因為有形資產是公司為了事業而使用的資產，觀察公司使用哪些有形資產，就能推測它經營什麼事業。

有形資產是資產，因此可以在財務狀況表上找到它。如果公司的規模不大，財務狀況表上的有形資產科目下面，會列出土地、機械設備等明細。但也有的表上只有有形資產這個名字和金額，這是因為資產種類多、相關金額很大的大企業，為了盡量簡化財務狀況表而造成的結果。

讓我們再看一次三星電子的合併財務狀況表，還真的只有記載名為有形資產的會計科目。

財務報表

3. 有形資產	13	91,473,041	86,477,110
4. 無形資產	14	5,334,020	5,396,311

如果遇到這種情況，各位可能會因為沒有明細、不曉得有哪些有形資產而有點錯愕，這時能提供資訊的就是「附註」，讓我們確認財務狀況表上的附註號碼，就會發現有個名叫有形資產變動明細或有形資產明細的資訊。

有形資產會將營業時具有類似特性或用途的資產歸類為一組做記錄，像是土地、建築、機械設備、船舶、飛機、交通及運輸工具、辦公家具、辦公設備等，各分類的名字或種類可按照公司的狀況變更，因此我們不需要太執著於稱呼。

三星電子的有形資產

　　三星電子是具有代表性的製造業者，讓我們再看一次它的有形資產附註，親自確認一下，是不是觀察有形資產的明細，就真的能大致了解這家公司經營什麼事業。

　　我們可以確認到與有形資產相關連的附註號碼是「13」號，如果去找附註 13 號，就會發現有像下表一樣較為詳細的有形資產資訊。透過附註，就能知道三星電子的有形資產由土地、建築物及構築物、機械設備、建設中的資產、其他資產構成。

三星電子 2016 年之合併會計師查核報告之附註 13. 有形資產

13. 有形資產
13.1. 本期和前期中，有形資產的主要變動明細如下。
（1）本期

（單位：百萬元）

種類	土地	建築物及構築物	機械設備	建設中的資產	其他	總計
期初帳面價值	7,848,432	22,453,296	43,077,879	10,970,052	2,217,451	86,477,110
取得成本	7,848,432	32,850,110	147,315,096	10,970,052	6,303,834	205,287,524
累計折舊（包含累計減損）	—	(10,396,814)	(104,237,217)	—	(4,176,383)	(118,810,414)
一般取得及資本性支出（*1）	37,735	3,482,228	12,769,230	8,230,900	974,275	25,494,368
透過事業結合之取得	—	—	4,492	240	2,271	7,003
折舊	—	(1,631,089)	(16,814,751)	—	(866,680)	(19,312,520)
處分／廢棄	(28,311)	(26,384)	(80,552)	(5)	(66,684)	(201,956)
減損	—	(2,805)	(370,574)	—	(1,731)	(375,110)
更換為備供出售資產	—	(11,922)	(20,131)	(7,660)	(45,156)	(84,869)
其他（*2）	11,843	112,502	(263,538)	(419,541)	27,749	(530,985)
期末帳面價值	7,869,679	24,375,826	38,302,055	18,773,986	2,151,495	91,473,041
取得成本	7,869,679	36,474,462	155,285,378	18,773,986	6,769,149	225,172,654
累計折舊（包含累計減損）	—	(12,098,636)	(116,983,323)	—	(4,817,654)	(133,699,613)

其他指各種金額較小且瑣碎的有形資產，比如說，汽車、什項設備、備品、辦公設備等都包括在內。

我們能發現土地、建築物及構築物、機械設備金額比其他資產高了許多。因此，我們可以推測它是不是在自有土地設立工廠，並利用大規模的機

> **建設中的資產**
>
> 建設中的資產（Construction In Process）如其字面意思，指目前正在建設中的資產。為了建設有形資產發生了費用，但還未完工時會使用這個科目。建設中的資產會在工程結束或實際上可以使用的時候，改記錄成建築、機械設備等符合的資產。也就是說，昨天的建設中的資產今天會被記錄成機械設備。

械設備製造東西的公司。不過因為是三星電子，當然會在韓國各地的各個工廠生產半導體、手機、電視等各種產品就是了。

雖然有形資產明細不會仔細告訴我們公司的營業項目，但會提供可以推測這家公司是製造業者的各種資訊。一般製造業者只是規模不同而已，其有形資產明細其實與三星電子類似。

第一企劃的有形資產

讓我們也來確認和三星電子同集團的第一企劃的有形資產明細。

第一企劃 2016 年之有形資產變動明細

財務報表 （單位：百萬元）

種類	土地	建築物	交通及運輸工具	工具器具備品	建設中的資產	總計
期初帳面淨值	38,634,615	32,090,160	332,607	19,347,285	1,997,713	92,402,830
取得及資本性支出	—	185,158	142,845	214,829	18,450,556	18,993,388
更換（＊）	—	6,350,775	194,845	2,039,779	(12,443,865)	(3,858,466)
處分及廢棄	—	—	(1)	(17,490)	—	(17,491)
折舊	—	(2,120,311)	(174,140)	(9,754,343)	—	(12,048,794)
投資性不動產重分類	(16,542,594)	(5,455,316)	—	—	—	(21,997,910)
其他	—	—	—	(6,812)	—	(6,812)
期末帳面淨值	22,092,021	31,050,916	496,156	11,823,248	8,004,404	73,466,745
取得成本	22,092,021	62,468,714	867,563	53,872,282	8,004,404	147,304,984
累計折舊	—	(31,417,798)	(371,407)	(42,049,034)	—	(73,838,239)

　　第一企劃經營廣告代理，因為所有事都是由人來處理，因此不需要使用大規模的機械或設備。也就是說，這是一家人力即是資源的公司。實際上，第一企劃的有形資產由土地、建築物、交通及運輸工具、工具器具備品、建設中的資產構成，沒有機械設備，但鑑於有土地和建築，可以推測這是公司持有的辦公大樓。此外，還有金額不大的工具器具備品，這應該是書桌、電腦、家具、各種辦公用資產等。

　　像這種經營服務業的公司，基本上不會持有土地或建築以外的大規模有形資產。

大韓航空的有形資產

　　經營獨特事業的公司，所持有的有形資產也會有別於

其他公司。讓我們回想前面提過的，愛寶樂園的有形資產，動物就正大光明地把名字掛在有形資產上。

　　既然都提到了動物，就讓我們來觀察一下營運賽馬公園的韓國馬事會的有形資產明細。不出所料，果然有「馬匹」，就是賽馬時會出戰賽事的那個「馬」。

　　韓國現代商船株式會社經營的，是利用貨櫃或郵輪等的海運業，為了事業，船當然就成了重要的資產，因此現代商船持有名叫「船舶」的有形資產。既然有船，當然也會有飛機。讓我們也來確認利用飛機經營航空運輸業的大韓航空的有形資產。

大韓航空 2016 年之合併會計師查核報告之附註 2 之（13）有形資產

種類		估計耐用年限
建築物、構築物		20 ～ 40 年
機械設備		4 ～ 15 年
飛機、飛機租賃資產	機身等	6 ～ 15 年
	定期大修	2.8 ～ 12 年
引擎、引擎租賃資產	引擎	15 年
	定期大修	3.3 ～ 10.7 年
航空器材		15 年
交通及運輸工具		4 ～ 9 年
其他有形資產、其他租賃資產		2 ～ 15 年
租賃權益改良		1 ～ 11 年

> **大型動物**
>
> 牛或豬等大型動物稱為「大型動物」。貓或狗等則稱為「小型動物」。

大韓航空的有形資產裡果然有「飛機」，而特別的是，還有叫做「引擎」的項目（如果去看有形資產變動明細，就會發現金額也相當大）。這應該是指附著在飛機上的引擎，而引擎應該是非常重要的零件，看到把飛機和引擎分開記錄就能知道了。

像這樣，在會計裡，如果構成有形資產的某部份，與整體成本比較時很重要的話，就能另作記錄。像是 SBS 持有廣播機械器具和廣播設備；YG 娛樂持有音樂設備和影像設備；每日乳業則持有名為大型動物的有形資產。而不重要的項目當然可以合成一個項目。

有形資產會反映出事業的特性

明明屬於同一個集團，三星電子和第一企劃兩家公司的有形資產構造截然不同，不過這是當然的，經營的事業不同，所使用的資產自然就不同了。我們當然無法光靠有形資產的明細，就正確地判斷出公司經營的事業項目，畢竟有形資產的種類實在是太多了，公司會將它們分類、統合，不過我們可以大略推測一家公司的輪廓。想了解一家公司時，還有哪個資訊會像有形資產一樣，簡單、迅速地透露

出它大致上的特性呢？

特別的有形資產項目

公司	有形資產
愛寶樂園	動物
韓國馬事會	馬匹
現代商船	船舶
大韓航空	飛機、引擎
SBS	廣播機械器具、廣播設備
YG 娛樂	音樂設備、影像設備
每日乳業	大動物

28 成為包租公的夢想與會計

想成為包租公的夢想

　　孩子們的夢想很常變來變去，本來想要成為藝人的老大，某天告訴吳會計師說自己的夢想改變了，想要成為房東。吳會計師一聽到，第一個想到的是「這孩子到底知不知道房東是什麼？」但他總不能說「爸爸的夢想跟你一樣」。只能說，失去童心的這個世界實在是太冷酷無情了。

　　所有月薪族們應該都曾想過成為包租公，這樣就算沒做什麼事也能每個月按時收房租，也不用為了租房子而淒涼地東奔西走，而且如果處分掉不動產，就會有大把鈔票入手。

　　但畢竟不動產的價格實在是太高了，要擁有一棟屬於自己的房子並不容易。許多月薪族久久盼望、希望擁有的東西應該就是「屬於自己的甜蜜的家」。在會計裡，看待

不動產的態度和一般人不一樣，就算是一樣的不動產，會計的處理方式會根據用途而有所不同。

在會計，不動產可以分成三種：有形資產、投資性不動產及庫存。

有形資產：讓我們住在屬於自己的家吧

我們要求的也不多，只是希望不要每次租約到期的時候，都要擔心房東漲房租，我們只是想要擁有一個屬於自己的家，長長久久、安心地生活。

在會計，為了自己使用而持有的不動產，會被歸類為有形資產。

有形資產是公司以使用 1 年以上為目的而持有的、看得見的資產。用作公司辦公樓的建築及土地、生產產品的工廠、提供給員工們的員工宿舍、為了物流活動持有的倉庫等，皆屬於有形資產。

除了土地以外的有形資產，應在取得的時間點記錄成資產，然後在使用期間將其分攤認列成費用，也就是要做折舊。由於土地不會因為被使用就減損，因此不折舊。

投資性不動產：不動產不是生活，而是投資

在低利率時代受到矚目的其中一項投資，就是不動產投資。許多人會幻想自己能過上每個月收取租金，偶爾穿著拖鞋去管理不動產的包租公生活。這個夢想並不是以居住為目的，而是進一步以投資為目的的夢。

這時，我們對不動產的態度很明顯就會不同了。以居住為目的時，連釘釘子都能隨心所欲，只要我們住起來方便就可以了。但如果是以投資為目的，我們會擔心不動產的價值可能會下跌，而限制房客不能隨意釘釘子或修改裝潢。我們也會希望出售房屋的時候，房屋能盡量維持乾淨的狀態。

會計也一樣。就算是一樣的不動產，以賺取價差為目的而持有的不動產並不屬於有形資產，而是歸類為「投資性不動產」（在韓國採用國際財務報導準則，以租賃收入及賺取價差為目的而持有的不動產歸類為投資性不動產。而在韓國一般公認會計原則，以租賃收入為目的的不動產歸類為有形資產、以賺取價差為目的的不動產歸類為投資性不動產）。投資性不動產不折舊。折舊是指在某個期間將取得成本分攤認列成費用。而投資性不動產會在處分、認列收入時，將取得成本記錄成費用。因此不需要折舊。

存貨：讓我們來做做看不動產買賣

　　有的人乾脆以不動產買賣為業。我們去想建設、出售多戶住宅的情況就可以了。

　　在會計，如果是不動產買賣業或建築業等，以買賣不動產作為目的事業的公司，他們所持有的不動產，會跟電子公司出售的手機或超市的農產品一樣，被歸類為「存貨」。存貨會在出售的時間點記錄成營業成本（費用），因此不折舊。

依持有目的而做的不動產分類

	有形資產	投資性不動產	存貨
持有目的	使用	租賃收入或賺取價差	出售
折舊	○	×	×

29 股票投資王與會計

公司買股票的理由

　　公司一定也會有想要藉由主業以外的投資賺錢的欲望。如果能藉由投資股票或債券賺取價差，或得到股利、利息等營業外收入，不只對公司有益，對股東們也是好事。但除了這個目的，公司也會為了鞏固經營權或控制其他公司，而購買股票。

　　雖然一樣都是投資股票，但個人和公司對待股票投資的態度並不一樣。如果是一般散戶，在把股票賣掉之前，情緒很自然地都會隨著股價波動起伏。甚至有人會在上班時間把工作丟在一邊，只盯著股票交易網站看。而如果股價波動大，就會無法專注於工作。

　　但公司比散戶瀟灑豁達。公司不會隨著股價波動又哭又笑，也不會讓損益表內容隨之大幅波動。因為，要是損

益表內容大幅波動，眾多利用財務報表的人可能會陷入混亂。再加上公司並不是單純只為了賣掉股票、賺取價差而購買股票，如果公司是為了確保控制權而大量購買了股票，那將會藉由長期持有股票來控制其他公司。也就是說，每天都波動的股票價格，對公司來說並沒有太大的意義，這也意味著公司和一般散戶的投資型態是完全不同的。

股票投資的分類：
短期交易／價值投資／控制企業

　　根據上面的原因，公司投資股票時，會根據投資目的及持有時間將股票分類。而根據這個分類，會計處理方式也會不一樣，也因此變得更難了。因為會讓人放棄會計的其中一個主犯，「權益法」也在此登場。

　　但在簡單的會計，我們根本就不需要去仔細了解權益法這種東西，因此各位不要擔心。我們只要知道同樣是股票，為什麼要分類、股價變動會如何依分類用途影響公司的損益就夠了。

1. 交易目的證券投資（交易性金融資產）：短期交易用股票

　　顧名思義，是指以「短期」內交易、賺取價差為目的而購買的股票或債券，我們可以將其視為短期交易用股票。

交易目的證券投資

在韓國採用國際財務報導準則稱為交易性金融資產，在韓國一般公認會計原則稱為交易目的證券投資（以下稱「交易目的證券投資」）。

因為是短期交易，截至期末的股價對公司來說是很重要的資訊。也就是說，這種股票是公司會用散戶的心情來投資的股票，因此，財務狀況表上的交易目的證券投資金額，會記錄得和截至期末的股票市值一樣。

股票的購買價格和截至期末的市值不同時，會發生股票評價損失或評價利益，而這會記錄在損益表上。這種股票有可能明天就賣出，而這意味著股票買賣發生的損益很快就會被實現。因此，雖然公司還沒有把股票賣掉、評價損益因而尚未實現，但我們會先把這個評價損益提早反映在公司的經營成果上，這樣使用財報的人才能提早做準備。

我們只要想像散戶的心理就可以了。雖然還沒有把股票賣掉，但只要股價上漲，散戶們就會開心地請客，如果股價下跌可能就會想不開。而公司就會像散戶一樣，會像是真的賣掉了股票、營業成果產生變動一樣，原封不動地把股票評價損益反映在損益表上。

2. 備供出售證券投資（備供出售金融資產）：價值投資用股票

交易目的證券投資、持有至到期日債券投資、採權益

法之股權投資以外的所有股票，都是備供出售證券投資。其顧名思義是指「備供」「出售」的股票，雖然不是為了賺取短期價差而購買，但隨時都有可能賣掉。由於會持有到投資對象（公司）成長，然後再看準時機賣掉，因此我們可以將備供出售證券投資視為價值投資用股票。

　　不管是不是短期，如果是為了賣出而買入的股票，市值就會是重要的資訊，因為能以多少錢賣出正是關鍵。因此，財務狀況表上的備供出售證券投資金額即為股票市值。

備供出售證券投資

在韓國採用國際財務報導準則稱為備供出售金融資產，在韓國一般公認會計原則稱為備供出售證券投資（以下稱「備供出售證券投資」）。

持有至到期日債券投資

在韓國採用國際財務報導準則稱為持有至到期日金融資產，在韓國一般公認會計原則稱為持有至到期日債券投資（以下稱「持有至到期日債券投資」）。持有至到期日債券投資是指，有意圖且有能力持有至到期日的證券。股票沒有到期日，因此沒有股票會被歸類為持有至到期日債券投資。雖然在這裡不會說明，但有到期日且會在持有期間支付利息的國債、公債、公司債等債務證券，會被分類為持有至到期日債券投資。各位可以參考一下。

　　現在問題在於，要怎麼標示股票的取得成本與市值的差額，也就是評價損益？交易目的證券投資是不久後就會賣掉的股票，因此就算馬上把其評價損益反映在損益表上，也不會有太大的問題。

　　但前面有說過，備供出售證券投資的目的是價值投資。投資對象（公司）成長、賣掉股票的時間點可能是今天，

也可能是 10 年後，我們無法預測。因此公司會不希望隨便去動經營成果，也就是損益表，要是將還沒有賣出的股票的評價損益反映在上面，但過了 10 年卻都沒有賣掉股票，這樣可能會被使用損益表的人說是騙子。

在這種左右為難的情況下使用的會計科目，就是「備供出售證券投資評價損益」。雖然名字看起來是損益表的科目，但只有名字看起來像而已，實際上這是名叫「其他綜合損益」的股東權益科目。我們可以將「備供出售證券投資評價損益」理解成：雖然想要反映在損益表上，但因為各種原因而無法馬上放入損益表，因此在股票賣出之前，暫時放在財務狀況表上的股東權益科目，就可以了。

3. 採權益法之股權投資（投資子公司／關係企業／合資企業）：控制企業用股票

採權益法之股權投資不是為了賺取價差，而是為了控制企業而購買的股票，因此，股票現時市價並不是很重要的資訊，財務狀況表上的採權益法之股權投資金額也不是市值，這點和其他股票不同。

控制一家公司意味著能輕易操縱這家公司，因此只要被

採權益法之股權投資

在韓國採用國際財務報導準則，會依投資對象（公司）標示為投資子公司、投資關聯企業、投資合資企業等；在韓國一般公認會計原則稱為採權益法之股權投資（以下稱「採權益法之股權投資」）。

投資者創造利益，這個利益中的固定份額，也就是投資者控制的份額（即相當於投資者持股率的金額）會被視為投資者的經營成果（被投資者的利益中，相當於投資者持股率的金額會在投資者的損益表上記錄成「採用權益法認列之利益」）。這代表投資者的損益表上會直接記錄被投資者的利益。

　　如果採用權益法認列之利益增加，財務狀況表上的採權益法之股權投資金額也會增加。股票金額變動與股票市值變動沒有任何關係。在採權益法之股權投資這部分，我們只要記得下面兩點就可以了。

- 被投資公司的股票市值並不重要。
- 被投資公司的經營成果會直接反映在投資公司的財務報表上。

營業外收入及營業外費用

　　如果公司成立的目的，打從一開始就不是為了股票投資，那麼持有大量的股票並不是件可取的事，這就和上班族忽視工作，只熱衷於買賣股票是一樣的道理。因此，財務狀況表會將因股票投資而發生的評價損益或處分損益等，

歸類為營業外收入及營業外費用，請各位記一下。（如果是以投資股票為目的而設立的公司，那股票評價損益及處分損益當然就會反映在營業淨利上。）

依投資目的分類之股票類型特徵

	交易目的 證券投資	備供出售 證券投資	採權益法 之股權投資
投資目的	短期交易用	價值投資用	控制企業用
財務狀態表金額	股票市價	股票市價	反映被投資公司的經營成果
評價損益／採用權益法認列之損益	損益表 營業外損益	財務狀況表 股東權益	損益表 採用權益法認列之損益

30 無形資產是如同氧氣般的資產

無形資產不具實體？

每到新年，吳會計師都一定會去看《土亭秘訣》^(註1)，雖然他並不相信超自然現象，但他會把《土亭秘訣》當作是古人做出來的大型統計，抱持著好玩的心態去看它。

人不會輕易相信看不見的東西，因為難以判斷它的存在。會計裡也有因為看不見，而懷疑它是否存在的資產，因為不具形體，所以名字也叫「無形資產」。在會計，無形資產被

> **貨幣性資產及非貨幣性資產**
>
> 貨幣性資產指現金及將以確定金額收取的資產。非貨幣性資產指貨幣金額不確定的資產，也就是貨幣的估定價值會隨著時間流逝或物價波動而改變的資產。這樣說明挺難懂的，我們只要參考下面的比喻、看過即可。假設截至今日有現金 10 億韓元和 10 億韓元的建築物。不管是今天、明天或 10 年後，貨幣性資產「現金 10 億韓元」都會是現金 10 億韓元。但非貨幣性資產「建築」雖然現在價值 10 億韓元，但我們不曉得 10 年後會不會變成 5 億韓元或 100 億韓元。存貨、有形資產、無形資產等，就是具有代表性的非貨幣性資產。

定義為「不具實體但具有可辨認性，且由企業控制，並具有未來經濟效益的非貨幣性資產」。雖然這種說明可能有點難以理解，但分開解釋的話其實沒什麼大不了的。

無形資產 1；不具實體的資產

無形資產是指不具實體而看不見的資產，這是關鍵。雖然和有形資產一樣，主要是用於公司事業，但因為沒有形體看不見，因此可能會難以分類為資產。

無形資產 2：具有可辨認性的資產

「具有可辨認性」是指資產能夠分離，例如如果可以分離某個資產、將其個別購買或出售，就代表具有可辨認性。此外，藉由契約訂定的權利或其他法律上的權利，也有可辨認性，也就是說，就算無法進行買賣，但如果是能夠辨認出的契約或法律保障的權利，即是具有可辨認性。

無形資產 3：由企業控制，並具有未來經濟效益的資產

只有公司能使用該資產，且能夠限制第三人使用，就代表公司有在控制該資產。此外，公司如果能利用該資產增加營業收入或降低成本等獲得利益，就代表該資產未來具有經濟效益。

實際上，能被稱為資產，「控制」和「未來經濟效益」

是必備條件，如果其他人能自由地使用，那這個東西稱為公有財產。既然是資產，公司當然要能夠控制，而且，公司會購買某個資產，正是因為該資產未來會產生經濟效益。

總而言之，無形資產雖然因為不具實體而看不見，但卻為了公司的利益而存在，因此無形資產很明確是資產。

具有代表性的無形資產如下。

1. **工業財產權**：專利權、實用新型權、設計權、商標權、商號權及商品名等法律保障之公司可在某個期間使用的權利。
2. **開發費**：為了開發新產品或新技術等而花費的金額。符合無形資產的定義，且達到特定條件時可處理為無形資產。
3. **授權及特許權**：授權是指能根據契約，獨占使用其他企業的技術或產品的權利；特許權則是指能在特定地區使用某商號或商標，製造、出售產品的權利。

並不是說看不見就不存在。先不提超自然現象，空氣中的氧氣正是如此，人們腦中的知識也一樣。請各位記得，會計裡也存在著雖然不具實體，但如同氧氣般無庸置疑存在的無形資產。

31 持有特殊無形資產的企業

演藝經紀公司的練習生訓練費用

最近的孩子們未來的夢想是什麼呢？吳會計師在問老
么未來的夢想是什麼後，受到了相當大的打擊。因為老么
未來的夢想不是成為科學家、總統、醫生、法官，而是偶
像歌手。而且他還補上一句說自己最不想成為會計師，而
這句話傷了吳會計師。

許多孩子夢想成為藝人，藝人總是以華麗的姿態出現
在螢幕中，也難怪大家會這樣想，但成為藝人可不是件輕
鬆的事。據說，偶像團體出道前，練習生在經紀公司接受
訓練的平均契約期間約為 4.22 年（根據《娛樂經紀產業現
況及改善方案》，韓國文化體育觀光部，2011 年 3 月 25 日
發表的資料），也就是說，練習生要花相當久的時間不斷
地學習、努力。

　　站在經紀公司的立場來看，栽培練習生、培養出偶像明星並不是簡單的事，練習生在出道、出專輯之前是沒有收入的，就算出道了，也沒人能保障一定成功。對經紀公司來說，在訓練期間就只能相信練習生的潛力、投資大量的錢，這就跟竹籃子打水一樣。聽說有的公司會以教育費的名義坑練習生的錢、提高營業收入，而這種公司百分之百是詐騙集團，所以這部分應該屬於訴訟領域而不屬於會計範疇，因此就讓我們先無視這種情況。

JYP 是費用，YG 是資產？

　　韓國三大演藝經紀公司之一的 JYP 娛樂（以下稱「JYP」），在 2016 年一年內花了約 4 億韓元的新人開發費（參照下頁表格）。他們 2016 年的營業收入為 736 億韓元，這代表有 0.5% 的營業收入（4 億韓元 ÷736 億韓元）花在教育練習生上，而這筆金額絕對不是小數目。

　　JYP 將新人開發費處理成了損益表上的費用，因為不知道練習生什麼時候會出道、創造收益，所以 JYP 直接將其全部認列成了費用。

　　但同樣是韓國三大演藝經紀公司的 YG 娛樂（以下稱「YG」），則將同樣性質的支出認列成了財務狀況表上的資產，又尤其是無形資產，而非損益表上的費用。

JYP 2016 年之推銷與管理費用

（單位：千韓元）

種　類	本　期	前　期
主管薪資	1,053,204	969,409
員工薪資	8,756,416	3,358,769
獎金	2,245,364	410,348
雜項費用	15,822	2,167
退休金	428,598	400,469
員工福利費	955,298	825,206
旅費及交通費	640,648	443,510
接待費	421,608	397,173
通信費	126,044	121,671
水電瓦斯費	46,429	49,019
稅捐	144,211	132,002
折舊費用	199,883	211,776
租金支出	1,265,752	1,187,716
修繕費	26,980	22,352
保險費	26,570	29,726
車輛維護費	98,917	99,603
運費	22,908	22,303
新人開發費	434,650	380,378
教育訓練費	26,531	22,903
書報雜誌及印刷費	13,544	13,366

培育練習生是為了未來而做的投資，而且這些練習生也許某天會出道、成為有名的明星，所以如果把練習生的教育費全都認列成費用，總覺得有點委屈。因此，只要達到某些條件，在練習生出道、為公司賺入收入前，可以不認列成費用，而是處理成資產。這時，為了訓

> **開發費的資產認列**
>
> 能夠證明可完成該資產的技術可行性、企業的出售意圖、企業的出售能力、為了出售所需要的財務資源的可取得性、企業能夠可靠地估算相關支出的能力等，也就是達到特定條件時，才能將開發費認列成資產。由於每家公司對未來的預測及假設不同，就算是同樣的支出，各公司的會計處理也可能會不同。

練而花費的支出，會被放在像是名為「開發費」的無形資產科目裡。如果只看名字，開發費感覺像是一個費用科目，但其實它屬於資產科目，請各位注意。

各位可能會覺得，比起把訓練費用認列成費用的 JYP，還是把練習生相關支出認列成資產的 YG 更有人情味，但其實訓練費用的會計處理方式不同，單純只是因為各公司在會計上的各種假設不同而已，並不代表兩家公司對待練習生的態度，各位千萬不要誤會了。

專屬合約簽約金

如果練習生出道，就會開始進行創造收入的活動。一般來說，藝人會和經紀公司簽訂專屬合約，經紀公司會支

付藝人簽約金，藉此得到在專屬合約期間能夠獨占使用藝人的權力。

　　專屬合約的簽約金會在支付的時間點認列成資產，然後在藝人帶來收入的期間，也就是專屬合約期間將其分攤認列成費用（將費用於某一期間進行分配稱為「折舊／攤銷」，後面會有機會仔細探討）。也就是說，專屬合約的簽約金是為了創造公司收入而使用的資產，但因為沒有實體、看不見，所以為無形資產。

　　為了訓練練習生而花費的款項，可能會讓人搞不清楚是要處理成費用還是資產，相較之下，支付給出道藝人的簽約金就完全沒有這種煩惱，直接處理成公司的無形資產就可以了。練習生出道、成為藝人的瞬間，其在會計上的地位也會從費用脫胎換骨成資產。

註 1：16 世紀朝鮮學者李之菡編著的算命書，能算出一年的運勢。

Part 5
權責發生制原則創造出來的會計科目

32 各種會計科目背後的故事

麻煩的權責發生制原則

　　又是關於收付實現制原則和權責發生制原則的話題。就算覺得聽到都煩了，也還是再忍一下吧。反正不管強調多少次都不嫌多，乾脆趁這個機會背起來也不錯。在收付實現制原則，會在發生現金流入、流出時認列收入和費用，也就是如果收到現金就會認列收入、支付現金就會認列費用，因此收付實現制原則需要的會計科目就只有收入、費用和現金而已。

　　在權責發生制原則，會在交易發生的時候認列收入及費用，現金的變動當然會全部另作記錄。因為這種做法，一開

收入科目與費用科目

收入科目：商品銷售收入、產品銷售收入、服務收入、租金收入、利息收入、處分資產利益等。
費用科目：營業成本、人工費、租金支出、用品費用、利息費用、處分資產損失、所得稅費用等。

始就出現問題了，如果是賒銷、賒購、捐贈等，沒有現金流入或流出的交易要怎麼辦呢？而且就算有現金流出，也是一個問題。假設我們用現金購買了以使用 5 年為目的的汽車，這時我們需要在 5 年的期間將其分攤認列成費用，但已經一次全部流出去的現金是要怎麼記錄呢？

如果按照權責發生制原則處理這類交易，最終就只能使用現金以外的其他會計科目。也就是，要說除了收入、費用、現金科目，其他科目完全是為了實現權責發生制原則而誕生也不為過。

資產科目和負債科目的誕生背景

假設我們來到了只有收付實現制原則的時代。這是一個只要按照現金的流入、流出，記錄收入和費用就好的輕鬆世界，如果賒銷物品，因為現金還沒有流入，當然不需要記錄在帳簿上。

再讓我們回到權責發生制原則。在這裡，賒銷時同樣也要認列收入。假設我們用盡了方法在賒銷的時間點認列了收入，那回收賒銷款項時要怎麼做呢？會因為現金流入，所以又要再認列一次收入嗎？還是就算現金流入了，也不去做任何記錄呢？

幫忙解決這一類問題的就是資產及負債科目。如果賒

銷了物品，賣方就會有收款的權利，雖然我們看不見這個權利，但總有一天會有現金回到我們手裡。如果現在這個時間點將「未來會回到手裡的現金」認列成資產，那就能輕鬆解決問題了。也就是說，我們會先在名為「應收帳款」的資產帳戶而非現金帳戶裡，記錄未來會收取的金額，等到實際上收到現金時，就不去動收入科目，而是直接將之前記錄在應收帳款科目的金額減掉。

　　為了使用 1 年以上，支付巨額現金購買汽車或建築物時也一樣。在收付實現制原則，我們只要在付錢當天將全額記錄成費用就可以了；但在權責發生制原則，有個名叫「折舊」的概念坐鎮，我們之後會仔細探討。汽車或建築物只要藉由折舊，在使用期間分攤認列成費用即可，因此在現金流出時，我們會先做汽車科目或建築物科目等資產科目。

　　負債和資產沒有太大的差異。如果賒購物品，未來會有支付現金的義務，「未來應支付的現金」在現在這個時間點是債務，也就是負債。這時，我們會在購買物品的時間點，將物品金額記錄在名為「應付帳款」的負債帳戶裡，而不是記錄在現金帳戶裡。放入負債帳戶的賒購帳款，在實際上支付現金時減掉即可，到時候當然不要去動到費用科目了。

　　向銀行貸款也一樣。銀行借款是借來的錢，這絕對不是現金流入那天的收入，借來的錢到了屆滿日就要還回去，

也就是說，這是別人的錢。而要把別人的錢直接當作是自己賺得的收入，總覺得不太能接受。因此在權責發生制原則，公司會使用名為借款的負債科目記錄。當借錢、現金流入時，會先在借款科目記錄該借款金額，然後借款放著不動，只把借款期間發生的利息記錄成費用即可，等借款屆滿要還錢給銀行時，再將該款項從借款科目扣除即可。

名字相似的會計科目們

在收付實現制原則下不容易記錄的交易，會使用現金以外的資產科目和負債科目，由於交易的種類很多，自然就出現了許多資產及負債科目。好在因應權責發生制原則而誕生的資產及負債科目中，有許多科目的名字和相關的收入、費用科目的名字相似。讓我們藉由下面的表格確認是否真的是如此。

損益表		財務狀況表	
收入科目	費用科目	資產科目	負債科目
利息收入		應收利息	
	折舊費用		累計折舊
	退休金		應計退休金負債
	呆帳費用		備抵呆帳
	利息費用		應付利息
	所得稅費用		應付所得稅
	保險費	預付保險費	

上頁表格列出了與收入、費用科目相關的資產、負債科目，其中，利息費用對應應付利息。它們的名字真的很像，對吧，而且不只是名字相像，實際上這些科目也有著密切的關係。詳細的內容我們會慢慢深入，現階段先把這些科目當作是，因為權責發生制原則而誕生的會計搭檔就可以了。

權責發生制原則進階課程：
會計科目的發生、遞延、折舊／攤銷

接下來我們會用比較困難的方式說明權責發生制原則。如果覺得下面的內容很難，讀過即可。因為只要正式學會計，接下來的內容很快就會變熟。

在權責發生制原則，會有名為「發生」、「遞延」、「折舊／攤銷」的正式概念登場。

> 發生：比收到或支付現金的時間點更早認列收入或費用
> 遞延：比收到或支付現金的時間點更晚認列收入或費用
> 折舊／攤銷：在某一期間，分攤認列收入或費用

「發生」的概念是，為了「事先」就認列收入或費用，因此出現了名為應計收入、應付費用的資產及負債科目。

　　「遞延」的概念是，為了「之後」才認列收入或費用，因此出現了名為預收收入、預付費用的資產及負債科目。

　　而「折舊／攤銷」則是，為了將費用在某一期間分攤認列，而出現了名為折舊費用／攤銷費用（費用）及累計折舊／累計攤銷（資產減少）的會計科目。

33 因為相似而容易搞混的會計科目

　　會覺得會計很難的原因有很多，其中一個就是，長得很像而會讓人搞混的會計科目。不幸中的大幸是，這些名字裡包含了許多可以理解會計科目的線索，讓我們把它們挑出來看。

應收帳款 vs. 應收款項

　　公司會因為各種原因而有「尚未收到的錢」或「未來要收取的錢」，這種錢在會計稱為應收款項。在應收款項中，如果是因為公司的主要營業活動「銷售」而產生的款項，會另外使用名為「應收帳款」的資產科目；其他的款項像是，公司出售有形資產但沒能收到款項，或約定收取押金但還沒收到時，這筆還沒收到或在不久的未來會收取的錢，就會被記錄成資產科目中的「應收款項」。

應收款項 vs. 應計收入

　　現在各位可能會開始搞混，但請盡量保持清醒，了解應收款項後還有個科目叫「應計收入」。

　　科目名字裡有「應收」這個詞，應該是代表公司「尚未計入」這筆收入，我們會強烈覺得這個科目是資產。可是跟在後面的詞竟然是「收入」。明明收入是在損益表才能看到的科目，怎樣會在這裡出現？那它到底是資產，還是收入？

　　應計收入是指雖然發生了收入，但因為收取這筆錢的權利還沒確定，而在這種尷尬階段使用的資產科目。雖然認列時機尷尬，但總有一天會收取款項，所以是資產。應計收入是在權責發生制原則中的「發生」概念下誕生的會計科目，「應收」二字可以像應收利息、應收租金一樣，與各種收入科目組合出會計科目細項。

　　讓我們來想想看利息收入。在權責發生制原則，每當時間流逝，就會「發生」利息收入。假設這個月開設的存款帳戶付息日是下個月的 10 日，那根據權責發生制原則，從開戶日到截至這個月月底「發生」了利息收入，但我們並沒有收到錢。因此，公司會計算這個月發生的利息收入總額、一次認列，並將這個金額記錄在應計收入（應收利息）科目下。等到下個月初實際上收到利息（現金）時，再把以

現金收取的利息金額減掉上個月先認列的利息收入金額（應計收入科目的金額），之後剩下的金額記錄成這個月的收入。

舉例來說，假設這個月 1 日開戶的存款帳戶，會在下個月的 10 日支付利息，利息是每天增加 10 萬韓元，那麼下個月 10 日會收到的現金利息一共是 400 百萬韓元（10 萬韓元 ×40 日）。若根據權責發生制原則，這個月發生的利息 300 萬韓元（10 萬韓元 ×30 日），應該要認列成這個月的利息收入和應計收入。而下個月收到現金 400 萬韓元時，先減掉上個月認列的利息收入（300 萬韓元），剩下的金額 100 萬韓元（總利息收入 400 萬韓元—應計收入認列金額 300 萬韓元）再記錄成利息收入即可。

應計收入的分錄例子

借方 現金 400 萬韓元　　　　貸方 應計收入 300 萬韓元
　　　　　　　　　　　　　　　　利息收入 100 萬韓元

應付帳款 vs. 應付款項、應付款項 vs. 應付費用

和資產科目一樣，「應付款項」是記錄還沒支付的負債科目。在應付款項中，因為公司的主要營業活動「購入」

而發生的應付款項，會另外使用名為「應付帳款」的負債科目做記錄。

　　「應付費用」也是在權責發生制原則的「發生」概念下誕生的負債科目，雖然已經發生了費用，但因為支付日還沒到，因此這個負債是還未確定的負債。我們把它想成是和應計收入完全相反的科目就可以了。假設這個月借的錢的付息日是下個月 10 日，雖然下個月才要支付利息，但從借款日起到這個月月底已經「發生」了利息費用，這時公司會把這個月發生的利息費用認列在應付費用（應付利息）科目裡。應付利息、應付保險費、應付租金等會計科目細項，都是這樣的運用。

預付款 vs. 預付費用

　　「預付款」顧名思義就是「預先支付的款項」，而且特別是指公司未來將會接受商品或服務，而預先支付的款項。如果支付預付款，就會得到未來收取商品或服務的權利，因此預付款是資產。雖然同樣是資產，應收帳款、應收款項、貸款等是未來收取現金的權利，而預付款是為來收取商品或服務的權利，這是預付款不同於其他科目的地方。

　　「預付費用」則是雖然先付了錢，但還不能記錄成費用，而暫時使用的資產科目，和應計收入、應付費用等一

樣，都是因為權責發生制原則而誕生的會計科目，並且與「遞延」的概念關係密切。在這裡，遞延的意思是指比支付現金日更晚認列費用，預付租金、預付保險費等都是與遞延相關的會計科目細項。

舉例來說，假設 6 月 30 日繳納了 1 年份的保險費 100 萬韓元，這時，應該把 6 月 30 日至 12 月 31 日這段期間的保險費 50 萬韓元認列成今年的費用，而剩餘的 50 萬韓元則應認列成明年的費用（現金 100 萬韓元＝保險費 50 萬韓元＋預付保險費 50 萬韓元）。

預收款 vs. 預收收入

「預收款」顧名思義就是「預先收取的款項」。如果以會計的方式表現，預收款是指，提前向對方收取提供商品或服務的代價，而發生的負債，我們可以把它想像成百貨公司發行的商品券。百貨公司如果發行商品券、收取現金，這筆現金就是預收款，等到百貨公司賣出商品，就從預收款科目減掉商品金額，然後記錄營業收入。雖然同樣是負債，借款、應付帳款、應付款項是未來要償還現金的義務，而預收款是未來提供商品或服務的義務，預收款與其他科目的差異在此。

預收收入是指雖然事先收了錢，但還不能認列收入時

使用的負債科目。明明還無法認列收入卻收了錢，這可以說是，在創造收益的活動結束前，債務一點一點地累積了起來，所以這是負債。預收收入是因為權責發生制原則中，「比收取現金日晚認列收入」的「遞延」概念而誕生的會計科目。舉例來說，假設公司收取了今年 6 月 30 日起之 1 年份的租金 1,000 萬韓元，那今年公司要認列的租金收入並非 1,000 萬韓元，而是 6 月 30 日起至 12 月 31 日這段期間發生的 500 萬韓元而已。明年才會認列剩餘租金 500 萬韓元在預收收入裡（現金 1,000 萬韓元＝租金收入 500 萬韓元＋預收收入 500 萬韓元）。

應收帳款、應付帳款、應收款項、應付款項、應計收入、應付費用、預付款、預收款、預付費用、預收收入等，這些科目看似相似但又不同，因此如果能記住之間的差異，之後會很有幫助。

因為相似而會讓人搞混的會計科目比較表

資產	負債		特別事項
應收帳款	應付帳款	營業活動	對未來的現金的權利／義務
應收款項	應付款項	營業外活動	對未來的現金的權利／義務
預付款	預收款	營業／營業外活動	對未來的商品／服務的權利／義務
應計收入	應付費用	從「發生」概念衍生而來	
預付費用	預收收入	從「遞延」概念衍生而來	

雙方關係：應收帳款 vs. 應付帳款、
應收款項 vs. 應付款項、預付款 vs. 預收款

　　除非是詐欺，否則所有的交易都會有交易對象，也就是說，如果公司提供了商品，就會有收受那個商品的交易對象；如果公司借了錢，那就會有借錢給我們的交易對象，而會計會正確的記錄這些交易關係。舉例來說，如果我們公司支付了預付款，對方公司就會將這筆金額記錄成預收款；如果我們公司賒銷了商品，就應該要記錄應收帳款，對方公司則要把這個賒購款項認列成應付帳款。應收款項和應付款項也一樣。

　　交易的雙方一定會成立像下表一樣的相對關係，因此會計師在查核時，會寄發詢證函給交易的對方，確認公司財報上記錄的債權和債務金額是否一致、有無漏掉的項目。只要沒有舞弊或錯誤，這道流程會是一個能夠確認公司債權債務金額的好方法。

形成雙方關係的會計科目比較

我們公司		交易對象	
資產	應收帳款	應付帳款	負債
	應收款項	應付款項	
	預付款	預收款	
負債	應付帳款	應收帳款	資產
	應付款項	應收帳款	
	預收款	預付款	

金融機構往來詢證函

詢證函編號：

銀行　公鑒：

本公司民國　年　月　日至　年　月　日之財務報表經委由　　　　會計師（事務所）查核，茲為核對往來事項，請就下列本公司截至　年　月　日止在 貴行之各項往來餘額及事項詳予填列，並將正本套入所附回函信封於民國　年　月　日前儘速函復該會計師（事務所）（地址：⋯⋯）為荷。
（附記：如依 貴行規定需支付詢證函手續費時，請將項目及金額通知本公司同意後，由　　　帳戶內扣款）

公司名稱：
營利事業統一編號：
原留印鑑：　　　　敬啟　　年　月　日

填表說明：
1. 請確定貴行與公司之各項往來事項業已全部詳列（包括存款之受限制、債務之抵（質）押情形及衍生性金融商品交易等所有相關交易資訊）。
2. 若無下表所列事項者，請填「無」。
3. 本表須經授權主管覆核並簽章。
4. 各欄如不敷填寫，請於本表相關欄位敘明，另附詳細資料，並請簽章。

依本行紀錄截至　年　月　日止，　　　　　公司與本行之各項往來餘額及事項如下：

1. 存款

存款別	帳號	餘額	提款之限制（自　年　月　日至回函日止）	付息方式及其他必要說明事項	到期日	年利率固定	年利率機動	利息付至（年、月、日）
支票存款			無☐ 有☐（限制情形：　）					
活期存款			無☐ 有☐（限制情形：　）					
定期存款			無☐ 有☐（限制情形：　）					
外幣存款			無☐ 有☐（限制情形：　）					
其他(請註明性質)			無☐ 有☐（限制情形：　）					

2. 貼現及放款（不含應收帳款承購）：

放款別	餘額	有無保證人	擔保品、還本付息方式及其他必要說明事項	放款日	到期日	年利率固定	年利率機動	利息付至（年、月、日）
貼現		無☐ 有☐						
透支 擔保		無☐ 有☐						
透支 無擔保		無☐ 有☐						
短期放款 擔保		無☐ 有☐						
短期放款 無擔保		無☐ 有☐						
中、長期放款 擔保		無☐ 有☐						
中、長期放款 無擔保		無☐ 有☐						
墊付國內票款		無☐ 有☐						

3. 應收帳款承購：

本行有無追索權	尚未收回餘額	原始轉讓金額	已付預支價金金額	尚未退回公司應收帳款餘額	有無發本票	預支價金有無收取利息	其他限制或必要之說明事項
無☐					無☐	無☐	
有☐					有☐，金額	有☐	

4. 已開立信用狀（未使用餘額）：

信用狀	幣別	餘額	保證金餘額	有無保證人	擔保品及其他必要說明事項
遠期信用狀				無☐ 有☐	
即期信用狀				無☐ 有☐	

5. 承兌及保證：

項目	餘額	發票日	到期日	必要說明事項
匯票承兌				
商業本票保證				
關稅、貨物稅記帳保證				
公司債保證				
保證函(L/G)及登保信用狀				
其他（請列明性質）				

6. 衍生性金融商品：

項目	訂約日	到期日	名目本金	覆約匯率/價格	公平價值	擔保品及其他必要說明事項
遠期外匯合約						
選擇權						
其他（請列明性質）						

7. 其他項目：

項目	名稱及數量／金額	必要說明事項
供副擔保而代管之有價證券		
供副擔保而代保管之票據		
代收票據		
信託		
其他（請列明性質）		

依據本行之帳冊紀錄，該公司截至民國　年　月　日止，與本行之各項往來事項（包括存款之受限制、債務之抵（質）押情徵及衍生性金融商品交易等所有相關交易資訊）業已全部詳列，敬請查照為荷。

此 致　　　　會計師（事務所）

銀行名稱：
主管簽章：
　　　　　　　年　月　日
（本行聯絡人及電話：　　　　）

34 反映未來損失的備抵呆帳及呆帳費用

呆帳與權責發生制原則：
告訴各位拿不回來的錢有多少

　　某天，吳會計師接到很久沒有聯繫的前輩的電話，對方說母親患病因此急需用錢，而吳會計師立即把借錢給了他。可是在不久之後，吳會計師從同學們那裡得知前輩會習慣性地借錢後潛水。唉，要把錢拿回來是沒希望了。因為借錢給別人而遭受了損失（呆帳），心好痛，雖然還沒有產生呆帳，但內心已經受到了傷害。

　　「無法收回債權或貸款等而遭受的損失」稱為「呆帳」。像吳會計師這樣，呆帳是能事先預料的，我們可能會聽到債務人像他的前輩一樣是詐欺犯的傳聞，也有可能從新聞得知某家公司面臨倒閉的危機。或者，也有可能在交易後發現這個債務人很難償還債務等，從過去的經驗推測。

認列這時內心受到的傷害，就是呆帳會計。

公司必須預測未來可能發生的呆帳後反映在財務報表上，也就是說，如果有無法回收的錢，就算沒辦法把錢討回來，也至少要告訴財務報表使用者可能拿不回多少錢。

如果以會計的方式表現，「有不良債權時，必須事先將未來會發生的損失認列為費用」。明明就還沒有支付現金，卻要事先認列損失，就是那個令人又愛又恨的權責發生制原則下的處理方式。

為了事先記錄未來會發生的損失，公司會使用名為「呆帳費用」的費用科目，和名為「備抵呆帳」的負債科目。呆帳費用顧名思義，是記錄因為呆帳產生的費用，因為還沒支付現金就先記錄了費用，因此，要先在名為「備抵呆帳」的負債科目（而不是現金科目）記錄該金額。等到之後真的發生損失時，我們不重複認列費用，只要直接扣除備抵呆帳的金額即可。

為了標示出不良債權，財務狀況表上的備抵呆帳會像下面一樣，以扣除債權或貸款的方式記錄。

> 應收帳款 1,000,000 韓元：本來應該收取的錢
> 備抵呆帳 (−)100,000 韓元：拿不回來的錢（不良債權）
> 應收帳款淨額 900,000 韓元：實際上拿得回來的錢

上面記錄的意思是：「本來要收回的債權有 100 萬韓元，其中 10 萬韓元可能拿不回來，因此可回收的金額一共是 90 萬韓元」。也就是說，上面的記錄正告訴我們無法回收的錢為 10 萬韓元。

窗飾的常客

窗飾多半是指，以不當的方法高計資產或利益，但也有公司會為了少繳納稅金，而做低計利潤的窗飾。備抵呆帳和呆帳費用是只要發生窗飾事件，就一定會登場的常客，因為這兩個科目比其他科目更容易偽造。

如果要設定備抵呆帳，就要估算未來會發生多少呆帳，由於必須由人工估算，因此就有可能被任意偽造。換句話說，只要先故意少算呆帳金額，再煞有介事地掰一個理由，看財報的人也只會點頭相信。

如果偽造呆帳估計金額，就能少認列備抵呆帳及呆帳費用，此時公司的資產會被高計（因為不良債權沒被認列）、費用會被少算（利潤會變多）。

右頁表格簡單整理出，如果公司沒有將 10 萬韓元的不良債權記錄成呆帳費用及備抵呆帳，會有什麼效果。

財務報表		正確做法	窗飾	效果
財務狀況表	應收帳款	1,000,000	1,000,000	─
	備抵呆帳	(100,000)	0	備抵呆帳過低（負債）
	應收帳款淨額	900,000	1,000,000	應收帳款過高（資產）
損益表	呆帳費用	100,000	0	呆帳費用（費用）過低、利潤過高

※ 財務報表裡的括弧代表負數。

補充說明

窗飾案例

B 公司即將倒閉，但 A 企業幾乎沒有將應該向 B 公司收取的巨額應收帳款設定為備抵呆帳，儘管一看就知道 B 公司無法支付款項，A 企業的財務報表卻仍將其記錄得像是優良債權，做了窗飾。A 公司的資產因而被高計（備抵呆帳過低），利潤也被高計（呆帳費用過低）。

C 企業將錢（貸款）匯給了實際上由總經理控制的 D 公司，儘管長時間都沒有回收，但 C 企業卻沒有設定備抵呆帳。也就是說，C 企業做了窗飾，高計了要從 D 公司收回的債權金額與公司利益。

35 存貨與營業成本

　　我們常常能看到超市或市場也會以「處理庫存」或「庫存出清」為目的，以非常低的價格賣掉商品，如果將這個概念用在會計，存貨可以解釋為「公司以出售等為目的而保管於倉庫等的資產」。讓我們先記住這個，再探討會計準則對存貨的定義。

> 為了在正常的營業過程中出售，而 1. 持有或 2. 在生產過程中的資產，以及將投入生產或提供服務的過程中，以 3. 原物料或 4. 物料形態存在的資產。

　　首先，存貨僅指為了出售而持有的資產（包含製造銷售用資產時所消耗的資產）。不是以出售為目的的資產會被歸類為投資、有形資產或無形資產。根據該資產是實際上要出售，還是要留做長時間使用，其收受管理、費用化的時間點、預算的制定等諸多事項都會因而不同。因此，

在會計裡，就算是一樣的東西，也會區分成以出售為目的的存貨、以投資為目的的投資、以使用為目的的有形資產及無形資產。

舉例來說，現代汽車持有的 Avante 車款，如果持有目的是出口，那就是存貨；如果用於公司業務，那就是有形資產。

公司以出售為目的保管於倉庫的存貨種類非常多樣，下表是 2016 年現代汽車的會計師查核報告的附註。

現代汽車 2016 年之合併會計師查核報告之附註 6. 存貨

6. 存貨
截至本期期末及前期期末的存貨明細如下。

（單位：百萬韓元）

科目名	本期期末	前期期末
產品	6,692,155	6,451,895
商品	52,133	60,890
半成品	401,279	448,870
在製品	350,295	450,444
原物料	1,300,218	1,268,217
用品	267,073	252,282
在途商品	613,134	499,559
其他	847,525	766,842
總計（＊）	10,523,812	9,198,999

我們大致上知道什麼是產品、商品、原物料等，但半成品、在製品、用品到底指的是什麼？甚至存貨中，有目

前在倉庫看得見的資產，也有已經購入，但還在送往倉庫的路上而看不見的資產。不過現階段不用因為存貨種類太多而擔心，只要先記得它們的名字就夠了。

看得見及看不見的存貨

看得見的存貨

存貨	內容	例子
產品	以出售為目的而製造的產品、副產品等	汽車公司：製作完成的汽車
半成品	能以目前的狀態出售的在製品	汽車公司：將汽車成品解體成可以再組裝出售的零件
在製品 [1]	為了製造產品或半成品而處於生產過程的資產	汽車公司：組裝中的汽車
原物料	在生產過程或提供服務時投入的材料（原料、材料、購入之零件、在途原物料等）	汽車公司：汽車用鋼板等
用品	在生產過程或提供服務時消耗或投入的消耗性資產（耗材、消耗性工具、器材、備品及修繕用零件 [2] 等）	在生產過程中消耗或投入的顏料或辦公用品（耗材）、工具或備品（預計在一會計期間內使用）等
商品	從外部購買後將再轉售出去的資產（商品、在途商品、寄銷品等）	服飾業者為了販售而從國外進口、保管的衣服

1. 在製品（work in process）指「在製程中的」資產。
2. 零件（part）指附著於產品，成為產品一部分的材料。

存貨中，會有因為公司未保管於倉庫等而看不見，但仍被歸類為公司資產的庫存。

看不見的存貨

存貨	內容
在途商品	在運送過程、還未抵達的商品
試銷品	出售給買家於某一期間使用過後再決定是否要購買的商品
寄銷品	委託受託人販賣而寄送的商品

　　「存貨」在自行製作、出售存貨的製造業或買賣業的會計裡相當重要，相反地，對於廣告公司、律師事務所或會計師事務所等提供服務的公司來說，就不那麼重要了。根據存貨的金額或種類，我們也能夠大致推測出一家公司的行業，這點各位可以參考。

存貨及營業成本

　　營業成本是指出售的商品或產品的成本。損益表上的記錄會如下。

> 買賣業的營業成本：期初商品存貨金額＋本期商品進貨金額－期末商品存貨金額
> 製造業的營業成本：期初產品存貨金額＋本期產品製造金額－期末產品存貨金額

　　我們可以想得很簡單。上面的算法來自於這個邏輯：

「從期初就存在的存貨和這次購買的存貨中，會有東西賣
出去，那把兩個金額的總數減掉沒有賣出去的剩餘存貨，
剩下的金額就是賣出去的存貨了。」像這樣，出售的存貨
成本就是營業成本。

　　存貨金額的計算方法為：1. 存貨數量 ×2. 存貨的單位
成本。因此，確認存貨的數量和單位成本，在會計裡是非
常重要的課題。只是因為相關內容可能會相當複雜又困難，
現在開始說明的內容，各位只要讀過即可。

存貨數量的計算方法

　　公司會在正常的營業過程中持續購買或生產存貨，然
後將其出售，因此，每當存貨數量改變時，就應該要確認
數量。但存貨的進貨及銷貨頻繁，每次都要管理數量並不
容易，而且中間可能會有存貨損壞或遺失，因為這些實務
上的原因，許多公司會在期末時藉由清點存貨，確認截至
某一時間點的存貨數量和存貨狀態。

　　具有代表性的存貨數量計算方法有永續盤存制和定期
盤存制。

永續盤存制

　　永續盤存制是指買入或售出商品時，將進銷貨明細（存
貨數量及售出或買入的存貨成本等）持續記錄在帳簿的方

法，使用「存貨」科目，適合拿來計算數量不多的高額資產。

定期盤存制（實地盤存制）

　　定期盤存制是指在期中，1. 每當買入存貨就做記錄，但 2. 賣出存貨時不另行記錄銷貨明細，而是等到期末時藉由清點存貨，再確認實際上剩下多少存貨數量的方法。在定期盤存制，進貨時會使用「進貨」科目記錄。

存貨價格的計算方法

　　明智的消費者如果去超市買牛奶，首先會做什麼呢？答案是確認牛奶的有效期限。消費者會盡量購買有效期限還很長的產品，也就是距離進貨時間不久、新鮮的商品。這就所謂的後進先出法（比較晚進貨的存貨先被賣出去的意思）。但如果去看超市陳列的牛奶就會發現，有效期限快到的牛奶會被放在前面，這反映了超市希望把先進貨的牛奶先賣出去，也就是所謂的先進先出法。

　　超市會依編製財務報表、計算業績、管理存貨等等的各種需求，確認被賣出去的牛奶成本、剩餘存貨的取得成本。如果消費者的行為模式都一樣，就是大家都會購買陳列在最前面的商品，或是都購買製造日期最近的牛奶，那就能

> 在韓國及台灣都是採用國際財務報導準則，不適用後進先出法，請各位參考。

輕鬆算出存貨的成本。可是消費者的行為難捉摸，有時候會買新進貨的牛奶，有時候會拿陳列在前面的牛奶，但總不能因為這樣，就一一確認所有存貨的進貨日期，就超市的立場來說，真的是很尷尬。

因此，會計會對存貨的流向做同一假設，也就是說，會計會先假設消費者的行為模式是固定的，並讓公司選擇是要採用個別認定法、先進先出法、加權平均法還是後進先出法。

下面是現代汽車 2016 年的會計師查核報告中，附註的一部分內容。我們能知道現代汽車採用了移動平均法和個別認定法計算存貨的單位成本。

現代汽車 2016 年之會計師查核報告之附註的一部分內容
（8）存貨

存貨從取得成本和淨變現價值中取較低的金額認定。成本包含固定及變動間接製造成本。此外，存貨的分配依存貨種類採最合適的方法進行，且採移動平均法（惟在途商品採用個別認定法）計算之。

接下來會簡單認識個別認定法、先進先出法、後進先出法及加權平均法。

個別認定法

　　理論上，我們應該一一確認剩下所有牛奶的進貨日期和金額。在會計，像這樣計算各存貨種類的進貨成本或製造成本的方法，稱為「個別認定法」。一般來說，計算無法替換的存貨項目，或因為特別企劃而產生的產品或服務的成本時，會採用個別認定法。舉例來說，假設我們接到一份鑽戒的訂製訂單、賣出一個鑽戒，由於能夠迅速地辨認這個戒指的成本，因此可以採用個別認定法。但如果是像牛奶這種，大量、具有相同性質、每一單位都可以相互替換的產品，就不適合採用個別認定法了。如果一一推算這麼多牛奶的成本，成本的計算費用會變得很高。

先進先出法

　　先進先出法（FIFO, first-in first-out method）是指，假設會將先購入或生產（先進，first-in）的存貨先賣出去（先出，first-out）的方法。總地說，期末存貨會由最近購入或生產的存貨構成。

　　下頁表格反映了某存貨的年度數量變化。

存貨之年度數量變化

	數量	單位成本
期初存貨	10,000	25 韓元／個
期中進貨（第 1 次 3 月）	15,000	30 韓元／個
期中進貨（第 2 次 9 月）	20,000	35 韓元／個
期中銷貨（第 1 次 6 月）	(-)15,000	
期中銷貨（第 2 次 12 月）	(-)20,000	
期末存貨	10,000	

若依照先進先出法計算上表的期末存貨和營業成本，計算方法會如下。

存貨

期初	10,000	@ 25
第 1 次進貨 （15,000）	5,000	@ 30
	10,000	@ 30
第 2 次進貨 （20,000）	10,000	@ 35
	10,000	@ 35

⇨

銷貨

10,000	@ 25	第 1 次銷貨 （15,000）
5,000	@ 30	
10,000	@ 30	第 2 次銷貨 （20,000）
10,000	@ 35	
10,000	@ 35	期末

期末存貨＝期末存貨數量 10,000×35 韓元＝ 350,000 韓元

營業成本＝第 1 次銷貨（10,000×25 韓元＋ 5,000×30 韓元）

＋第 2 次銷貨（10,000×30 韓元＋ 10,000×35 韓元）

＝ 1,050,000 韓元（永續盤存制）

依定期盤存制計算營業成本的方法如下：

營業成本＝期初存貨＋本期進貨一期末存貨

＝ 10,000×25 韓元＋（15,000×30 韓元＋ 20,000×35 韓元）

一10,000×35 韓元＝ 1,050,000 韓元

後進先出法

後進先出法（LIFO, last-in first-out method）與先進先出法相反，是指假設將較晚購入或生產（last-in）的存貨先賣出去（first-out）的方法。總地說，在後進先出法，期末剩下的存貨會是最先購入或生產的資產。

若依照後進先出法計算左頁「存貨之年度數量變化」表格中的期末存貨和營業成本，計算方法會如下。

存貨				銷貨		
期初	10,000	@ 25	⇨	10,000	@ 25	期末
第 1 次進貨（15,000）	15,000	@ 30	⇨	15,000	@ 30	第 2 次銷貨（20,000）
			⇨	5,000	@ 35	
第 2 次進貨（20,000）	5,000	@ 35	⇨	15,000	@ 35	第 1 次銷貨（15,000）
	15,000	@ 35	⇨			

期末存貨＝期末存貨數量 10,000×25 韓元＝ 250,000 韓元

營業成本＝第 1 次銷貨（15,000×35 韓元）＋第 2 次銷貨

（5,000×35 韓元＋ 15,000×30 韓元）

＝ 1,150,000 韓元（永續盤存制）

依定期盤存制計算營業成本的方式如下：

營業成本＝期初存貨＋本期進貨－期末存貨

＝ 10,000×25 韓元＋（15,000×30 韓元＋ 20,000×35 韓元）

－10,000×25 韓元＝ 1,150,000 韓元

加權平均法（移動平均法與總平均法）

　　加權平均法是指，以加權平均去計算期初存貨，或在會計期間內購入（生產）的存貨成本的方法。其中，每會計期間計算一次平均成本，稱為總平均法（總成本除以總存貨數量），以每月或每季等一定週期為單位重新計算，則稱為移動平均法（某一期間的總成本除以該期間的存貨數量）。

　　順帶一提，若依照總平均法計算第 222 頁「存貨之年度數量變化」表格中的期末存貨和營業成本，計算方法會如下。

總成本＝期初存貨數量 10,000×25 韓元＋第 1 次進貨
　　　　　（15,000×30 韓元）＋第 2 次進貨（20,000×35 韓元）
　　　　＝ 1,400,000 韓元
單位成本＝總成本 1,400,000 韓元 ÷ 期初及進貨數量
　　　　　（10,000 ＋ 15,000 ＋ 20,000）
　　　　＝ 31.11 韓元
期末存貨＝期末存貨數量 10,000×31.11 韓元
　　　　＝ 311,100 韓元
銷貨成本＝銷售的存貨數量 35,000×31.11 韓元
　　　　＝ 1,088,900 韓元

依存貨價格計算方法算出的資產價格比較

	先進先出法	後進先出法	總平均法
期末存貨	350,000 韓元	250,000 韓元	311,100 韓元
營業成本	1,050,000 韓元	1,150,000 韓元	1,088,900 韓元
總計	1,400,000 韓元	1,400,000 韓元	1,400,000 韓元

　　如上表所示，三個方法算出來的總計金額是一樣的。
但公司的資產總額與一年的損益（銷貨成本），可能會因
為存貨價格的計算方法而有差異。因此，還請各位要記得，
存貨價格的計算方法在會計扮演著非常重要的角色。

36 折讓與折扣，退回與退出

沒錯，就是那個折讓

在國語辭典裡，「殺價」的意思是「壓低價錢」，而會計也存在著「殺價」這個概念。在會計裡，會依交易數量或金額給予降價，或產品有瑕疵時會給予價格優惠，而這稱為「折讓」。當銷售物品出去，在賣方的立場稱為「銷貨折讓」，在買方的立場稱為「進貨折讓」。

折讓與銷貨折扣、進貨折扣

就給予降價這點來看，折扣和折讓很像，但在會計，這兩個用語並不一樣。銷貨折讓是依照交易數量或金額，或產品有瑕疵時給予降價，我們可以把在日常生活中常常聽到的「打折」理解成會計中的折讓。

而銷貨折扣是指為了迅速回收賒銷款項，若顧客在特定期間內支付款項，就會給予一定比例的折扣作為優惠。我們偶爾可以看到「3/10」、「n/40」等銷貨折扣條件，代表如果在 10 日內支付款項就給予 3% 的優惠，40 日以內支付就需全額付款，沒有優惠。

同樣地，在賣方的立場稱為「銷貨折扣」，在買方的立場稱為「進貨折扣」。

折讓與銷貨退回、進貨退出

銷貨退回是指賣出去的商品因為品質差異、瑕疵、損壞、契約取消等原因而被退貨，在買方的立場稱為「進貨退出」。

有銷貨折讓、銷貨折扣、銷貨退回時，由於給了對方折扣或退回的金額，總銷售金額會減少，因此公司的營業收入也會減少。同樣地，買方公司的存貨或進貨金額也會減少相同的數字。

讓我們站在買方立場重新整理一下上面的內容。在購買存貨後，如果發生了產品損壞或有瑕疵等，可以退回購買的商品，或和賣方協商、拿到價格優惠。這時，如果購買價格得到優惠稱為進貨折讓，如果退貨稱為進貨退出。此外，如果賒購物品時因為提早償還現金而得到價格優惠，

稱為進貨折扣。

折讓、折扣及退回／退出的區別

	銷貨	進貨
折讓	銷貨折讓	進貨折讓
折扣	銷貨折扣	進貨折扣
退回／退出	銷貨退回	進貨退出

37 不想一次全額認列成費用：折舊

什麼是折舊？

吳會計師的老婆總是說，就算不開車也不影響生活便利，所以雖然考到了駕照，幾十年來卻都沒有開車。不過在老三出生後，她也終於開始去上道路駕駛班了。吳會計師打算幫老婆買一台車而瀏覽中古車網站，然後因為看到眼熟的會計用語而噗哧地笑了出來。

說明中提到，根據汽車的里程、車齡、有無事故、配備，會降低中古車的價格，也就是會進行所謂的「折舊」。每台車也都標有折舊率（新車價格除以中古車價格的折扣率），如果知道某個車款的折舊率，就能大致知道中古車的行情。

在會計裡，也有中古車市場的用語「折舊」，只不過雖然名字一樣，但內容卻截然不同，因此我們要區分開來，不要搞混了。

此外，與折舊相關的會計科目呆帳費用（損益表科目）和累計折舊（財務狀況表科目），是幾乎所有公司的財報都常會出現的科目，因此，了解折舊將幫助我們了解財務報表。

折舊也是因為權責發生制原則而誕生

如果要了解折舊，就不得不再提到權責發生制原則。因為要不是權責發生制原則，也不會有名為折舊的概念誕生。

首先，讓我們先在收付實現制原則的立場來看。在收付實現制原則，如果賒購汽車，會在支付現金的時間點將全額認列為費用。不管是用 1 天就丟掉，還是未來 100 年持續使用，只要有現金流出就全部都是費用。

讓我們想像一下自己是採用收付實現制會計的公司 CEO。我們的年薪會根據公司一年的經營成果，也就是本期淨利而決定的，那麼，各位會願意簽名批准巨額的有形資產投資案嗎？可不要忘了，只要付了錢，金額會全部立刻被記錄成費用，公司會因而發生本期淨損，最後會導致各位的年薪被大幅削減。

現在換成以權責發生制原則的角度來思考。假設採用權責發生制會計的公司賒購了一輛汽車，以我們目前為止

所探討的單純權責發生制原則，不管有沒有支付現金，都會在購買汽車的時間點將款項全額記錄成費用，然後在名為應付款項的負債科目上記錄賒購款項。

但如果站在 CEO 的立場來看，這反而會比收付實現制原則還委屈，因為在收付實現制原則，只要先賒購汽車，然後再儘量延後支付款項的日子，就能較晚認列費用。但在權責發生制原則，不管有沒有支付款項，打從一開始就會將全額認列成費用。各位可能會抗議，明明是因為聽說權責發生制原則會反映現實，所以才相信它投資的，結果自己被騙了。但對於 CEO 的這種委屈吶喊，權責發生制原則會像下面一樣回答。

「我什麼時候說過會在『購買的時間點』認列成費用了！我明明就是說會在『交易發生的期間』認列費用。」

沒錯，了解「交易發生的期間」是權責發生制原則與折舊的關鍵。如果是一般的消耗品，購買的時間點和費用發生的時間點會一致，因為消耗品會在購買的會計年度內全部被使用（消耗）完而不見。（如果看到沒有用完、剩下一點，請當作沒看見，在會計裡，我們會視為全部使用完畢。）而汽車的使用期間不會只有 1 年，這時我們要去想，使用汽車的期間會持續發生費用。

折舊現象與折舊

有形資產在長期使用的過程中，會因為老舊、消耗、損壞、廢舊等，而效益減少（在權責發生制原則，「效益減少」、「發生費用」、「使用資產」、「消耗資產」都是一樣的意思），這種資產效益減少的現象在會計稱為「折舊」（土地不管怎麼使用，其效益都不會減少，因此土地不折舊）。有形資產的購買款項會考慮到折舊現象，在資產效益減少的某一期間（費用發生的特定期間稱為「耐用年限」）分攤認列成費用，這就是「折舊」，所使用的費用科目為「呆帳費用」。

如果折舊，就算投資巨額的有形資產，也會因為投資額在某一期間被分配為費用，而能避免經營成果被扭曲。對 CEO 來說，這樣也才合理。

會計中的折舊，只不過是為了不要一次認列有形資產的購買款項全額，而將該金額分配的過程而已。不同於中古車市場的折舊，是決定中古車行情的要素，會計中的折舊和評定資產價格沒有關係，這點各位要記得。

折舊

折舊的正式定義是，「將資產的應折舊成本，在該資產的耐用年限內，有系統地分配」。應折舊成本是資產的取得成本減掉殘值（資產的耐用年限結束後的預估處分價值減掉與處分相關的費用的價值）的金額。在這裡，我們先把殘值當作 0，先理解折舊的概念。

無形資產的攤銷與折耗

雖然前面主要都是以有形
資產為基準進行探討，其實無
形資產和有形資產沒什麼不同，
只是不具實體而已。使用 1 年

> **折耗**
> 「折耗」的意思為損失、消耗。
> 天然資源具有「使用就會被消
> 耗或枯竭」的性質，因此又被
> 稱為遞耗資產。

以上的無形資產，也會有折舊現象，因此我們會在取得無
形資產時，將其記錄成資產，然後在耐用年限期間分配成
費用。

只不過為了和有形資產的折舊區分，無形資產的效益
減少時我們不稱折舊，而是稱「攤銷」，礦山或山林等天
然資源則會使用「折耗」這個用語。我們只要記得，因為
名字很像，性質也應該很相似就可以了。

各資產的折舊科目

資產種類	型態	損益表上的會計科目	內容
有形資產	折舊	折舊費用	有形資產的效益減少
無形資產	攤銷	攤銷費用	無形資產的效益減少
天然資源	折耗	折耗費用	天然資源的消耗及枯竭

折舊會計

讓我們來簡單地看看實際上會怎麼做折舊會計。因為內容比較具體，所以可能會有點難，但各位不需要有負擔。

1. 購買汽車：有形資產增加

假設公司支付了現金 5,000 萬韓元，購買了一輛汽車。購買汽車後，為了不一次認列為費用，我們會把購買款項放入名為交通及運輸工具的有形資產科目裡。

> 交通及運輸工具增加 5,000 萬韓元＆現金減少 5,000 萬韓元
> **借方** 交通及運輸工具 5,000 萬韓元　**貸方** 現金 5,000 萬韓元

2. 計算折舊費用

到了會計年度末，我們必須考慮到今年的折舊現象，計算汽車的購買款項中要認列為費用的金額，也就是折舊費用的金額為多少。而要怎麼計算折舊費用，只需要按照公司覺得合理的方法計算即可（有直線法、定率遞減法、產量折舊法、年數合計法等各種折舊方法）。

最簡單的方法就是直接以 1/n 的方式計算，這樣每年都

會認列相同金額（定額）的折舊費用，因此稱之為「直線法」。假設我們會開 5,000 萬韓元的汽車 5 年，也就是指汽車的耐用年限為 5 年，這時，每年會認列的折舊費用計算方式如下。

具代表性的三種折舊方法

直線法：以相同金額折舊的方法，最常使用的方法之一。
定率遞減法：以相同比例折舊的方法。
產量折舊法：與生產量成正比的折舊方法。

	折舊費用的計算
1. 應折舊成本	5,000 萬韓元
2. 耐用年限	5 年
3. 折舊費用（1÷2）	1,000 萬韓元

3. 認列折舊費用

認列折舊費用的方法有兩種，一個是直接法，另一個是間接法。

直接法是指在資產科目直接減掉呆帳費用，剩餘的就是折舊後剩下的金額。我們可以把這個金額當作事先計算出來的、未來將認列的折舊費用。認列折舊費用時，直接從資產科目減掉今年的折舊費用金額就可以了。

折舊後，交通及運輸工具金額在財務狀況表上會記錄為 4,000 萬韓元（5,000 萬韓元—1,000 萬韓元）。

認列折舊費用 1,000 萬韓元＆交通及運輸工具減少 1,000 萬韓元
借方 折舊費用 1,000 萬韓元　**貸方** 交通及運輸工具 1,000 萬韓元

　　如果使用間接法，財務狀況表上只會剩下折舊後的有形資產餘額。這時，我們無法知道公司實際上用多少錢購買了有形資產，因此要利用一點技巧確認最初的有形資產取得成本，就是不直接減掉有形資產的金額，而是多使用一個名為「累計折舊」的財務狀況表科目，間接記錄有形資產有減少（所以才會稱為間接法）。

　　累計折舊顧名思義是指，「計算累積至目前為止記錄成折舊費用的金額」。累計折舊會被記錄成有形資產正下方的減除項目（減項）。

　　使用間接法認列折舊，財務狀況表上的交通及運輸工具仍會是 5,000 萬韓元，累計折舊 1,000 萬韓元則會被記錄為減項，而交通及運輸工具的淨額最後會是 4,000 萬韓元。

認列折舊費用 1,000 萬韓元＆累計折舊增加 1,000 萬韓元
借方 折舊費用 1,000 萬韓元　**貸方** 累計折舊 1,000 萬韓元

順帶一提，在會計，有形資產會使用間接法，無形資產會使用直接法。根據直接法和間接法折舊時，財務報表會如下列示。

	直接法	間接法
財務狀況表	交通及運輸工具 4,000 萬韓元	交通及運輸工具 5,000 萬韓元 累計折舊（1,000 萬韓元） 交通及運輸工具總計 4,000 萬韓元
損益表	折舊費用 1,000 萬韓元	折舊費用 1,000 萬韓元
有形資產 vs. 無形資產	無形資產	有形資產

38 退休金的會計處理

DC 退休金：收付實現制原則

　　由於退休金的性質相異，因此根據退休金的種類，會計也有所不同。

　　每當有人問吳會計師，公司採用哪種退休金制度比較合適，他都會開玩笑地說一定要選 DC[註1]，然後會再補上一句，因為 DC 的會計做法比 DB[註2] 簡單很多，所以公司管理起來會比較方便。

　　公司如果採用 DC 制退休金，就不需要去管勞工未來實際上會領取多少退休金，只要每年向金融公司繳納固定的金額，就盡到了公司應盡的所有義務。這句話意味著，公司只要在繳納退休金負擔額時，將其記錄成退休金費用，會計處理就結束了。因此，沒有所謂的應計退休金負債，多簡單啊。DC 制退休金會依照收付實現制原則處理會計。

DB 退休年金：權責發生制原則

　　DB 制退休金在財報上要記錄的東西就很多。公司不僅每年要繳納負擔額，還要管理利用這筆錢投資賺得的收益或造成的損失。此外，要支付勞工的退休金也是由公司負責處理。

　　如果按照權責發生制來處理 DB 制退休金，不管有無繳納現金，公司都要用會計語言記錄未來要支付給勞工的債務有多少、利用負擔額投資賺得的收入會有多少、要選擇哪種商品才算投資成功等等，所有的管理活動。簡單地說，會計做法會變得很困難。

　　但我們沒必要因此對 DB 制退休金感到太大的負擔，現在只要當作參考、讀過即可，等哪天需要時，再把這部分拿出來重看就可以了。

1. 應計退休金負債

　　如果是 DB 制退休金，未來應該支付給勞工的退休金，也就是公司有義務履行的債務會持續存在，我們稱這種債務為應計退休金負債。因此，投保 DB 制退休金的公司的財務狀況表上，會有應計退休金負債科目，每年記錄退休金增加額，最後會累積出假設公司所有員工同時退休時，公司預計支付的退休金總額。

2. 退休金計畫資產

在 DB 制退休金裡，公司將負擔額繳納給金融公司，意味著「公司支付現金、開設定期存款帳戶或投資基金等」。這時，定期存款或基金等商品也是公司的資產，因此，不管怎樣都要在財務狀況表上記錄成資產（比如說「投資」等資產）。只不過這類投資活動為退休金制度的一環，且與之後會支付給勞工的退休金有關，因此必須和純粹以投資為目的持有資產分開記錄。因應這個需求，公司會將利用負擔額所投資的資產一概記錄成「退休金計畫資產」，而不記錄為「投資」。

DC 制退休金 vs. DB 制退休金

在韓國，所有勞工皆可從 DC 制退休金和 DB 制退休金中擇一投保^{（註3）}，如果站在會計的立場來說，當然一定會建議 DC 制，因為 DC 制的會計處理起來簡單多了。但如果站在勞工個人立場，就必須精打細算，比較兩者哪個比較有利。DB 制退休金和一生領取的薪資金額無關，是以退休前 3 個月薪資的平均薪資額乘以年資，算得的金額為退休金，因此，退休之前的預估薪資越高，或是投資收益率預測比薪資成長率低時，DB 制退休金會比較有利。

但如果薪資長時間都不會調漲，使得投資收益率預計

比薪資成長率高時，那乾脆選擇 DC 制退休金，每年領取退休金繳納金額、由個人親自投資金融商品還可能比較有利。

如果根本不需要什麼投資收益，只想在退休時確實領取金額已經確定的款項，即「保障本金型退休金」，那選擇 DB 制退休金就可以了，因為公司會保障各位領到本金。

韓國退休金制度確定提撥制（DC）與確定給付制（DB）比較

	確定提撥制（DC）退休金	確定給付制（DB）退休金
基本概念	公司負擔額確定	勞工退休金確定
投資收益及損失歸屬	勞工	公司
會計處理	簡單	困難
會計科目：損益表	退休金	退休金
會計科目：財務狀態表	無	應計退休金負債（確定福利負債）退休金計畫資產（退休基金資產）
選擇基準	薪資成長率＜投資收益率	薪資成長率＞投資收益率 想要投保本金保障型退休金時

註 1： 韓國的確定提撥制（DC）退休金是指，企業每年要繳納有明確金額的退休金負擔額，這筆負擔額在勞工退休前由勞工自行選擇投資商品、擔負獲利或虧損，相似於台灣的勞退新制，但不完全相同。

註 2： 韓國的確定給付制（DB）退休金是指，公司要給付勞工的退休金金額已經確定，勞工退休時會領到金額已定好的退休金，相似於台灣的勞退舊制，但不完全相同。

註 3： 台灣退休金制度已於 2005 年全面改採勞退新制。

Part 6

能看出到底賺多少的損益表

39 損益表（綜合損益表）

損益表是為了確認本期淨利的財務報表！

損益表是反映某一期間企業經營成果的報告，也就是說，它會告訴我們公司一年內賺了多少錢、花了多少錢。第 246 頁是三星電子的損益表（附上的資料是合併損益表。合併損益表是包含了子公司損益的損益表，在這裡，我們先把合併損益表和損益表當作是一樣的報表），如果與我們在第 126 頁看過的財務狀況表相比較，就能明確地了解兩份財務報表的性質。財務狀況表上方寫著「截至 12 月 31 日」，損益表上則寫著「1 月 1 日起至 12 月 31 日」，顯示財務狀況表是反映某一時間點的財務狀況，而損益表是反映某一期間的經營成果。此外，損益表上沒有我們在財務狀況表看到的，資產、負債、股東權益三者之間（會計恆等式）複雜的相互關係。且由於損益表是反映經營成果的報表，

因此我們只要直接接受這個報表上的資訊就可以了。

讓我們先忽略其他項目，先只確認「VI. 本期淨利」。「賺了多少、花了多少，所以剩下多少」就是公司的經營成果，而回答我們剩下多少的項目就是「本期淨利」。換句話說，我們可以把損益表當作是告訴我們怎麼算出本期淨利的財務報表。

> ### 綜合損益表
>
> 韓國採用國際財務報導準則是將綜合損益表訂為財務報表，而韓國一般公認會計原則則是將損益表訂為財務報表（綜合損益表以附註記載）。綜合損益表是指，在損益表裡加上「其他綜合損益」項目，但在初學者階段只要知道損益表就夠了。因此，為了方便，我們直接統一使用「損益表」這個用語。

三星電子2016年的本期淨利超過22兆韓元（22,726,092百萬韓元），代表在 2016 年一年內，賺錢、花錢後剩下的利潤為 22 兆韓元。我們只靠這個數字就完全了解三星電子 2016 年的經營成果。花錢後剩下的本期淨利竟然是幾十兆韓元，各位不覺得這家企業真的很龐大嗎？

現在，讓我們來正式探討損益表。

三星電子 2016 年之合併損益表

合併損益表

第 48 期 2016 年 1 月 1 日起至 2016 年 12 月 31 日
第 47 期 2015 年 1 月 1 日起至 2015 年 12 月 31 日

三星電子股份有限公司及其子公司

（單位：百萬韓元）

科目	附註	第 48 期（本期）		第 47 期（前期）	
I 營業收入	32		201,866,745		200,653,482
II 營業成本	24		120,277,715		123,482,118
III 營業毛利			81,589,030		77,171,364
推銷與管理費用	24, 25	52,348,358		50,757,922	
IV 營業淨利			29,240,672		26,413,442
其他收入	26	3,238,261		1,685,947	
其他費用	26	2,463,814		3,723,434	
採用權益法認列之利益	12	19,501		1,101,932	
金融收入	27	11,385,645		10,514,879	
金融成本	27	10,706,613		10,031,771	
V 扣除所得稅費用前之稅前淨利			30,713,652		25,960,995
所得稅費用	28	7,987,560		6,900,851	
VI 本期淨利			22,726,092		19,060,144
歸屬於母公司業主之權益		22,415,655		18,694,628	
非控制權益		310,437		365,516	
VII 每股盈餘	29				
基本每股盈餘（單位：韓元）			157,967		126,305
稀釋每股盈餘（單位：韓元）			157,967		126,303

會計年度就是會計的月曆

在認識損益表之前，必須先了解會計年度這個概念。損益表反映了「某一期間」公司的損益為多少，這裡的「某一期間」我們稱為「會計年度（Fiscal Year）」。我們可以把這想成是只有在會計使用的月曆。順帶一提，財務報表上的「某一時間點」指的是會計年度的最後一天。

損益表上如果不標示會計年度，就無法知道上面的數字代表哪個期間的損益。比如說，我們會不知道是 6 個月的利潤、1 年的利潤，還是去年一整年的損益、今年一整年的損益。因此，看損益表時確認會計年度是很重要的。

公司的會計年度通常是一年，只不過要將何時開始、何時結束的一年設為會計年度是公司的自由。也就是說，一般月曆和會計月曆可能會因為公司的選擇而不同。但多數公司會選擇將 1 月 1 日到 12 月 31 日這一年設為會計年度（在韓國，實務上以 12 月 31 日為會計年度結束的公司會被稱為「12 月底法人」），這是因為時間和一般月曆一樣的話，在各方面都會很便利。但不以 12 月 31 日為會計年度結束的公司，意外地比我們想像得多，尤其不少金融公司或外國公司

會計年度

會計年度常寫成英文簡寫 FY，如果寫著 FY2015，就是指 2015 會計年度。為了和會計年度做區別，月曆的 1 年，也就是 1 月 1 日～ 12 月 31 日這段期間稱為 Calendar Year（CY）。

會計年度的期間

韓國《商法》規定每年要結算一次以上，因此會計年度絕對不會超過1年，但卻可以設定成短於1年。不過如果這樣，一年就要結算兩次以上，很麻煩。因此，實務上，大部分的公司會選擇以1年為單位的會計年度。

會將4月1日至3月31日這一年作為會計年度（同樣地，會計年度在3月31日結束的公司，在韓國稱為「3月底法人」），私立學校法人則多為2月底法人，各位可以參考一下。

多虧如此，吳會計師一整年都很忙，12月底法人的會計師查核才剛結束，就馬上要執行2月底法人、3月底法人、6月底法人、10月底法人等等一連串的會計師查核業務。

損益表的基本構造：賺的錢、花的錢、剩下的錢

如果要在眾多困難的財務報表中，選出一個還算好理解的，那絕對是損益表。如果要仔細深入探究，損益表當然也有可能會很複雜，但其基本構造與其他財務報表相比，真的非常單純。就像前面提到的，我們光看本期淨利就能馬上知道這家公司一年大約賺了多少利潤、是不是有好的經營成果，因此，相信各位應該也同意損益表並不難這個說法。

損益表會反映某一期間企業的經營成果，經營成果會以公司賺得的利潤評定，而利潤就是指賺來的錢減掉花掉

的錢之後剩下的錢。在會計裡，賺來的錢稱為「收入」，花掉的錢稱為「費用」，也就是說，經營成果會以收入減掉費用後剩下的利潤評定。

收入（賺的錢）—費用（花的錢）＝利潤（剩下的錢）

我們將上面的式子簡單地畫成了圖。

基本損益表

1. 收入（賺的錢）	
2. (–) 費用（花的錢）	
3. (=) 利潤（剩下的錢）	

上圖就是基本損益表的樣子。為了叫起來比較方便，我們稱這個圖為「基本損益表」。

我們會需要損益表，是為了知道 1. 賺了多少錢、2. 花了多少錢、3. 剩下多少錢。基本損益表裡有損益表應該要提供的所有資訊，真正的損益表看起來會比較困難，但也只是因

收入及費用

收入及費用在會計上的正式定義如下，各位只要參考即可。

收入：因為資產的流入或增加、負債的減少，而造成股東權益增加之某一會計期間內發生的經濟效益增加。不包含與股東投入有關的經濟效益增加。

費用：因為資產的流出或消失、負債的增加，而造成股東權益減少之某一會計期間內發生的經濟效益減少。不包含與分配股東有關的經濟效益減少。

為它記錄得更仔細而已。因此，只要確實了解基本損益表，就不會覺得真正的損益表很難了。

如果各位是上班族，想一下薪資所得的扣繳憑單就會比較好懂。薪資所得扣繳憑單會告訴我們過去一年從公司領到了多少薪資、繳了多少所得稅、繳稅後實際上領到多少薪資，就像是上班族的損益表。

補充說明

收入 vs. 利潤

在日常生活中，不少人會把收入和利潤混著使用，但這兩個詞的意思絕對是不一樣的。收入是賺得的總金額，而利潤是賺得的金額減掉花費的金額後，剩下的淨額。假設我們以 150 萬韓元出售了用 100 萬韓元購買的商品。那麼，收入為總銷售金額 150 萬韓元，利潤則為 150 萬韓元減掉 100 萬韓元後，剩下的 50 萬韓元。

40 損益表的重點內容

如果不是專家，只要知道基本損益表就好

　　不管怎麼看，都還是覺得前面看到的損益表好像太簡單了，對吧？但其實所有損益表都不會和基本損益表差太多，因此各位可以放心，只不過我們平時會看到的損益表，確實比基本損益表看起來更複雜就是了。

　　與基本損益表相比，真正的損益表會比較複雜，是因為要提供使用者有用的資訊，所以收入和費用的種類被分得更細。此外，公司在編製損益表時，只要有遵守原則，就能依公司情況，很有個性地列示收入及費用。換句話說，每家公司損益表的詳細內容可能都不一樣，而且韓國採用國際財務報導準則甚至還直接宣布，公司在損益表上表達費用時，可以選擇要依性質分類，還是要依功能分類，從兩個方法中擇一表達。

　　因此，除了基本構造，每家公司損益表的樣子都不一樣，這也再次證實了我們只要了解基本損益表就夠了。接下來，我們再稍微深入了解基本損益表。

補充說明

費用的表達方法

下面的內容各位參考即可。韓國採用國際財務報導準則規定，企業在表達費用時，可從依「性質別」或「功能別」兩分類方法中，擇一具有可靠性，且能夠提供符合目的的資訊的方法。

性質分類法是指，將包含於本期損益的費用依性質合併（比如說，折舊費用、原物料進貨、運輸成本、員工福利及廣告費等），由於直接記錄發生的費用即可，因此採用起來相當簡便。

功能分類法（或「銷售成本法」）是指，將費用依功能分類為銷貨成本、物流成本、管理費用等，舉例來說，就算是具有同一性質、名為人工費的費用，也要依其功能分類、記錄成銷貨成本、物流成本、管理費用等。因此，公司會需要判斷如何分配費用。這種做法很難，而且，依功能分類費用的企業，需要另外公示包含折舊費用、其他折舊費、員工福利費用等費用性質的相關資訊。韓國採用國際財務報導準則允許公司籠統地表達費用，甚至可以挑著寫。與之相比，韓國一般公認會計原則規定要將費用分類為營業成本、推銷與管理費用、營業外損益、所得稅費用等。

基本損益表：收入－費用＝利潤

　　前面說過，在基本損益表裡，收入減掉費用就是利潤。首先，讓我們先了解收入和費用是怎麼構成的，然後再來探討損益表會怎麼列示扣除掉收入和費用的利潤（為了幫助各位理解，在這裡，我們會針對採用韓國一般公認會計原則的財報的分類方法進行說明）。

　　總地來說，公司的收入簡單地由 1. 營業收入和 2. 營業外收入構成；費用基本上只有❶營業成本、❷推銷與管理費用（實務上稱為銷售管理費，又簡稱為銷管費等）、❸營業外費用和❹所得稅費用；利潤則會用各項收入減掉相應的費用項目後列示，損益表上總共會有四種利潤（①營業毛利、②營業淨利、③扣除所得稅費用前之稅前淨利、④本期淨利）。

　　下一頁的計算公式是將構成損益表的兩種收入、四種費用和四種利潤，按照計算順序排列的公式，而這就是我們平時會看到的損益表的樣子。收入、費用、利潤會在後面仔細探討。

(+) 收入 1. 營業收入

(–) 費用❶營業成本

(=) 利潤①營業毛利

(–) 費用❷推銷與管理費用

(=) 利潤②營業淨利

(+) 收入 2. 營業外收入

(–) 費用❸營業外費用

(=) 利潤③扣除所得稅費用前之稅前淨利

(–) 費用❹所得稅費用

(=) 利潤④本期淨利

　　右頁是採用韓國一般公認會計原則的 CoffeeBean Korea 的損益表，讓我們掃過一遍，確認這個損益表和基本損益表的構造有多麼相似，然後用輕鬆的心情跳到下一個內容。

CoffeeBean Korea 2016 年之損益表

財務報表

損益表

第 17 期 2016 年 1 月 1 日起至 2016 年 12 月 31 日
第 16 期 2015 年 1 月 1 日起至 2015 年 12 月 31 日

CoffeeBean Korea 股份有限公司

（單位：韓元）

科目	第 17 期（本期）		第 16 期（前期）	
I 營業收入（附註 14、18）		146,020,774,483		138,938,692,307
II 營業成本（附註 15、17、18）		60,292,561,406		57,083,383,019
III 營業毛利		85,728,213,077		81,855,309,288
IV 推銷與管理費用（附註 16、17、18）		79,312,704,730		77,942,801,919
V 營業淨利		6,415,508,347		3,912,507,369
VI 營業外收入		1,847,888,406		2,432,811,590
1. 利息收入	59,374,770		81,663,122	
2. 租金收入（附註 18）	1,039,755,160		832,815,895	
3. 兌換利益	88,280,920		70,030,524	
4. 換算利益	2,125,520		2,851,033	
5. 採用權益法認列之利益（附註 4）	121,594,219		366,647,655	
6. 有形資產處分利益	40,634,954		3,115,311	
7. 進口手續費	30,057,869		4,488,237	
8. 雜項收入	466,064,994		1,071,199,813	
VII 營業外費用		2,835,466,527		3,196,495,558
1. 利息費用	2,128,542,989		2,564,196,717	
2. 兌換損失	26,837,314		15,616,780	
3. 換算損失	41,348		57,488	
4. 捐款	54,280,140		63,855,751	
5. 存貨報廢損失	147,749,003		12,898,647	
6. 處分存貨損失	—		11,900,191	
7. 處分有形資產損失	459,773,729		509,780,588	
8. 處分無形資產損失（附註 6）	2,000		5,000	
9. 雜項損失	18,240,004		18,184,396	
VIII 扣除所得稅費用前之稅前淨利		5,427,930,226		3,148,823,401
IX 所得稅費用（附註 11）		1,153,716,362		605,209,072
X 本期淨利		4,274,213,864		2,543,614,329

41 收入：
營業收入和營業外收入

咖啡公司並不是只有賣咖啡

　　作為付出勞動的酬勞，上班族每個月會領到月薪，偶爾還會領到績效獎金、節日獎金等，也會領到不休假獎金、加班費或是其他的獎金。像這樣，上班族從公司領到的酬勞，會依支付時期或內容分成月薪、獎金、津貼、其他獎金等，其性質都不太一樣。如果運氣好的話，上班族還能藉由股票投資或不動產投資，賺取薪資以外的錢。

　　公司也是如此。除了主要營業項目，公司也會透過各種事業賺錢，即會發生各種收入。CoffeeBean Korea 公司的重要事業根基，當然是與銷售咖啡相關的收入，而實際上是否如此，可以利用公司的會計師查核報告進行確認。右頁圖表是 CoffeeBean Korea 公司 2016 年會計師查核報告的附註的部分內容。

如我們預料，CoffeeBean Korea 有在營運咖啡及食品之製造、銷售及進出口業、咖啡連鎖店直營業等，但奇怪的是，附註上寫著這家公司也有在經營不動產租賃業。可能有人會疑惑：「CoffeeBean Korea 難道原本是不動產租賃公司？」如果附註裡突然記載著公司有在經營不動產租賃業，一般來說，這代表公司持有建築物。而這家公司有可能將公司建築的一部分租給便利商店或咖啡廳等，也有可能將剩下的幾個辦公室租給其他公司賺錢。

CoffeeBean Korea 2016 年之會計師查核報告的附註 1. 公司概要

1. 公司概要

　公司設立於 2000 年 6 月 16 日，主要營業項目為咖啡及食品之製造、銷售及進出口業、咖啡連鎖店直營業、不動產租賃業等。截至 2016 年 12 月 31 日，公司將本公司設立於首爾特別市江南區奉恩寺路，於首爾及首都圈地區等營運 254 個直營門市。

分成主業收入及副業收入的理由

　　會計會將各種來源的收入分為「營業收入」和「營業外收入」，僅兩種。CoffeeBean Korea 的主要營業活動是製造、銷售咖啡，就算有時候會得到銀行利息或租賃收入，

我們也很清楚 CoffeeBean Korea 是咖啡連鎖公司。換句話說，CoffeeBean Korea 不會因為有一點利息收入或租賃收入，就變成金融公司或不動產租賃公司。

在會計，CoffeeBean Korea 透過公司固有的營業活動賺得的收入，即銷售咖啡賺得的收入會被歸類為「營業收入」，為了好記，我們直接把透過本業賺得的錢理解成營業收入即可。營業收入可依公司經營的事業分成商品銷售收入、產品銷售收入、服務收入等會計科目。

在營業收入之外，公司透過次要活動，即透過營業外的活動賺得的收入會直接歸類為「營業外收入」，意思是暫時性或額外賺的錢。營業外收入包含利息收入、股利收入、租賃收入、處分資產利益、採用權益法認列之利益等各種會計科目。各會計科目的內容我們會在後面認識。

在韓國一般公認會計原則，收入應分成營業收入、營業外收入，費用應分成營業成本、推銷與管理費用、營業外費用、所得稅費用記錄。而根據韓國採用國際財務報導準則，損益表上需列示收入、金融成本、採用權益法認列之關聯企業及合資損益之份額、所得稅費用等項目。在這裡，為了方便說明、好理解，我們使用的是韓國一般公認會計原則規定的損益表分類法。

會分成營業收入和營業外收入，是因為這樣才能透過損益表，確認這家公司經營什麼事業、是否透過主要收入事業賺很多錢等。要是營業外收入的金額比營業收入大很多，我們就要懷疑「是不是哪裡有問題」或「是不是發生了不正常的交易」。

上班族也會有營業收入及營業外收入

　　對上班族來說，月薪是透過本業賺的錢，屬於營業收入，而透過投資股票或不動產等副業賺的錢，即為營業外收入。要是上天保佑、樂透中獎，同樣也是營業外收入。雖說現代人很難靠月薪過活，但也要本業賺得多，未來才會穩定，如果想要換掉本業，直接當個包租公，那麼不動產的租賃收入就不是營業外收入，而是營業收入了。

　　實際上，如果我們看 CoffeeBean Korea 的損益表，就會發現營業收入約達 1,460 億韓元，營業外收入約為 18 億韓元、比營業收入少。此外，營業外收入明細中有利息收入、租金收入、兌換利益、換算利益、採用權益法認列之利益、有形資產處分利益、進口手續費、雜項收入等各式各樣的科目。

上班族與公司的收入比較

	上班族的收入	公司的收入
營業收入	月薪	商品銷售收入
	績效獎金	產品銷售收入
	獎金	服務收入
營業外收入	收取利息	利息收入
	股利	股利收入
	不動產處分利益	資產處分利益
	股票投資利益	投資處分利益、評價利益
	租金	租金收入
	外幣兌換利益	兌換利益、換算利益等

42 收入：常用的收入會計科目

讓我們再進一步探討前面提到的收入相關會計科目。

營業收入

1. 商品銷售收入及產品銷售收入

　　商品是為了從外面買進來後轉售而持有的資產，產品是公司為了出售而生產（製造）的資產。舉例來說，進口汽車業者 Mercedes-Benz Korea 從國外進口在韓國國內出售的汽車，是公司的商品；現代汽車為了出售而生產的汽車，則為公司的產品。商品和產品只差在取得的方法，具有出售目的這一點，兩者是相同的（因此會記錄成財務狀況表上的存貨）。販賣這個商品和產品，也就是販賣存貨賺得的收入，分別稱為商品銷售收入和產品銷售收入。

2. 服務收入

提供服務時收取的收入。

順帶一提，營業收入為總營業收入減掉銷貨折扣、銷貨退回、折讓等的金額。相信各位都有在百貨公司或超市買東西時，透過 5% 優惠、打折等，用比定價便宜的價格購買東西的經驗。在這裡，我們直接把這些優惠金額當作銷貨折扣、退回、折讓就可以了。

營業外收入

1. 利息收入和股利收入

公司可以在銀行存款，或借錢給其他公司並收取利息，而這就是利息收入。一般來說，公司多半會把資金存放在銀行，因此大部分的損益表上都會看到利息收入這個具代表性的營業外收入科目。股利收入顧名思義，是公司從投資股票收取的股利。

2. 處分資產利益

以比帳面價值更高的金額處分有形資產，或無形資產處分、發生利潤時，我們會使用「處分資產利益」科目。一般來說，公司不會將處分資產作為事業目的。也就是說，資產處分是偶爾才會發生的事，因此屬於營業外收入。當

然，如果是以處分資產為主業的公司，像是公寓出售公司，就會把出售公寓賺得的收入記錄為營業收入。

3. 兌換利益及換算利益

兌換利益是指因為在出售外幣資產或外幣負債時的匯率，和當初記錄財務報表時的匯率不同，而發生的利潤。若是損失則稱為兌換損失。

想像我們為了出國旅行去換錢，假設出國時 1 美元可換成 1,100 韓元，旅行結束回國時匯率上升，變成 1 美元兌換 1,200 韓元，我們把用剩的 100 美元換回成韓元，會拿到 120,000 韓元（1 美元可換 1,200 韓元 ×100 美元），與出國前換錢時花了 110,000 韓元（1 美元可換 1,100 韓元 ×100 美元）相比，發生了 10,000 韓元（120,000 韓元—110,000 韓元）的利潤，即兌換利益。

容易和兌換利益搞混的會計科目是換算利益。換算利益是指，因為截至結算日的匯率，與結算日前財務報表上的匯率不同，而發生的利潤。若是損失則稱為換算損失。

可以想像成國外旅行回國後，先不把剩下的 100 美元馬上換成韓元，一直持有到結算日，假設截至結算日的匯率為 1 美元兌換 1,150 韓元，那麼手中的外幣資產 100 美元就會記錄成 115,000 韓元。當初我們用 110,000 韓元換得 100 美元，而這筆錢現在的價值是 115,000 韓元，可以說是賺了

5,000 韓元，雖然不是當下握在手裡的利潤，但就是覺得賺到了，這份愉快的心情在會計裡就是用「換算利益」這個詞來表達。

我們可以這麼解釋：兌換利益是真的兌換外幣資產和外幣負債時使用的會計科目，而換算利益是在心裡換錢時使用的會計科目。

43 費用：
從名稱就能直接看出用途

為了公司的營業活動發生的費用

　　前面說過，費用是公司花的錢，和收入一樣，費用也可以分成為了公司固有事業活動所花的錢（銷售成本及推銷與管理費用），和為了營業外活動所花的錢（營業外費用）。在這裡，還會多加一個項目「所得稅費用」另做分類。

　　如果 CoffeeBean Korea 要賣咖啡，就要買咖啡原豆，也需要紙杯和吸管，還要雇用製造咖啡的咖啡師（購買、製造）、承租賣咖啡的店面、持續打廣告以在咖啡市場存活。此外，公司還需要編製財務報表，也需要依法接受會計師查核（推銷、管理），這一切的活動是公司在賣咖啡、營業時不可或缺的環節。

　　在這之中，與咖啡販售相關、直接發生的費用（購買／製造相關費用）歸類為營業成本；不屬於營業成本，但

是是為了銷售咖啡和管理公司整體事業而發生的費用,則稱為推銷與管理費用。營業成本和推銷與管理費用的性質完全不同,營業成本是與商品或產品的成本相關的費用,而推銷與管理費用是與銷售、管理商品或產品的活動有關的費用。

如果看 CoffeeBean Korea 第 17 期(2016)的損益表(第255 頁),就會發現營業成本為 602 億韓元,這意味著為了達到營業收入 1,460 億韓元所花費的咖啡原豆成本、紙杯費用等達 602 億韓元。而推銷與管理費用約為 793 億韓元,表示公司花在銷售、管理咖啡上的費用,比製造咖啡的直接花費還多。

1. 營業成本:買賣業與製造業的銷貨成本

營業成本(銷貨成本)是指為了公司的營業活動而發生的費用,是與營業收入直接對應的成本。買賣業的銷貨成本是當初購入商品所花的錢,同樣的道理,製造業的銷貨成本則是為了製造產品所花的錢。

這時要注意的是,營業成本(銷貨成本)和進貨金額是不一樣的。進貨金額是購買商品時花的總金額,不管後來商品有沒有賣出去;而營業成本是指有賣出的商品的購買金額,未賣出去、剩下的金額會記錄成期末存貨。

銷售成本的表達方法

在會計，營業成本是期初商品（產品）金額加上本期進貨（製造）時花費的費用，減掉截至期末剩下的商品（產品）金額後剩下的金額，我們現階段先記得營業成本的概念即可。計算方法如下：

營業成本＝期初存貨＋本期進貨金額－期末存貨

和營業收入一樣，營業成本裡也有進貨折扣、進貨退出、進貨折讓，公司也能用比定價低的價格購買商品。各位可以先記得，進貨折扣、進貨退出、進貨折讓都是指，購買商品時低於定價的優惠金額，不管是以什麼理由得到優惠。

2. 推銷與管理費用

推銷與管理費用是指，為了公司的營業活動而發生的費用中，不屬於營業成本的所有費用。負責推銷管理的員工的人工成本、員工福利費用、旅費及交通費等，以及接待費、稅金、車輛維護費、手續費（權利金、會計師查核手續費、法務費用等）、廣告宣傳費、租金費用等，大部分的費用科目皆歸類於這裡。下列是推銷與管理費用之相關科目：

1. **報酬**：主管階層的薪資、負責推銷管理的員工薪資、現場工作人員的薪資及各種津貼等（負責製造產品的員工薪資不歸類於此，而是屬於製造成本）。

2. **退休金**：設定應計退休金負債或繳納退休金，以備員工退休時發生的費用。

3. **呆帳費用**：對於不確定是否能回收的債權，根據合理且客觀的基準算出呆帳估算額後，減掉備抵呆帳餘額的金額。我們可以理解成，事先將無法回收的錢認列成費用。

4. **員工福利費用**：為了提升工作意願而花費、具有人工成本性質的費用，因為不會直接給付給員工，故與薪資不同（例如健保的公司負擔額、健康檢查費等）。

5. **租金支出**：向他人租借不動產、機械、車輛的租金中，與推銷與管理活動相關的費用。

6. **接待費**：因事業需求而花費的接待費用（交際費、婚喪喜慶禮金、禮品等）。

7. **折舊費**：將有形資產的成本在其效益發生的期間，有系統且合理分配認列的費用。

8. **無形資產攤銷費用**：將無形資產的成本在其效益發生的期間，有系統且合理分配認列的費用。

9. **稅捐**：處理國家課徵的稅金、公用事業費用、罰金、罰鍰等的會計科目（我們現階段先理解成稅捐。營利事業所得稅是對公司所得課徵的稅金，不使用稅捐科目，而是使用「所得稅費用」這個會計科目。）

10. **廣告宣傳費**：商品或產品的廣告及宣傳花費（報紙廣告費、電視廣告費等）。

11. **其他**：研究費、旅費及交通費、通信費、修繕費、保險費、運費、銷售佣金、付款手續費、雜項費用等。

　　大部分的會計科目,特別是損益表的會計科目名字會直接顯示出用途,因為公司可以按照實際情況適當修正後使用。

　　前面的 CoffeeBean Korea 損益表第 255 頁上,推銷與管理費用只記錄了一行,我們無法知道明細,這時可以利用會計師查核報告的附註確認明細。右頁為 CoffeeBean Korea 2016 年的會計師查核報告附註裡的推銷與管理費用明細,其中報酬和租金支出占總金額的 50% 以上,由此可知公司雇用了許多負責推銷管理的員工(報酬),並且租了許多店面經營事業(租金支出)。

補充說明

營業成本及推銷與管理費用之區分

就算是性質相同的費用,如果是與製造活動相關會被歸類為營業成本,如果是與推銷及管理活動相關則屬於推銷與管理費用。舉例來說,支付給在工廠製造產品的員工薪資,屬於營業成本;而支付給在公司財務、人事、行銷等部門的員工薪資,就屬於推銷與管理費用。

CoffeeBean Korea 2016 年之會計師查核報告之附註 16. 推銷與管理費用

（單位：千韓元）

項 目	2016	2015
報酬	20,267,133	20,305,578
退休金	1,177,320	1,239,719
員工福利費	2,931,973	2,545,887
旅費及交通費	279,804	300,800
接待費	116,277	158,969
通信費	311,394	310,961
水電瓦斯費	2,294,450	2,389,210
稅捐	1,262,501	1,230,389
租金支出	25,483,579	25,780,447
折舊費用（附註 5）	7,012,658	6,529,430
無形資產攤銷費用（附註 6）	350,324	335,028
保險費	73,269	66,812
車輛維護費	129,211	138,612
教育訓練費	134,550	134,471
會議費用	22,283	35,868
手續費	11,339,427	11,045,792
用品費用	1,427,455	1,309,780
書報雜誌及印刷費	179,844	159,441
運費	231,953	152,079
廣告宣傳費	1,176,585	1,003,997
其他負債準備（附註 10）	35,958	(90,795)
復原負債準備（附註 10）	(25,692)	(55,172)
管理費	2,893,408	2,810,357
修繕費	198,408	229,241
呆帳費用（退回）	8,633	(124,099)
總計	79,312,705	77,942,802

營業成本與推銷與管理費用的區別

營業成本	推銷與管理費用
工廠員工的直接人工費	銷售部門及管理部門的人工成本
工廠建築物的折舊費、保險費、修繕費	辦公室建築物的折舊費、保險費、修繕費
工廠辦公室的營運費	銷售、管理部門的營運費
工廠的用品費用	銷售、管理部門的用品費用
工廠的電費、動力費用等	辦公室建築物的電費、動力費用等
原材料成本或商品運費	銷售產品或商品時發生的運費

3. 營業外費用：因營業以外的活動發生的費用

　　營業外費用顧名思義是指，因為營業以外的活動而發生的費用。舉例來說，如果看 CoffeeBean Korea 2016 年的損益表（第 255 頁），就會發現公司的營業外費用約為 28 億韓元，其中約有 21 億韓元為利息費用。我們可以理解成，公司向銀行等借了資金使用，並對此支付了利息。下列是營業外費用之相關科目：

1. **利息費用**：需支付給股東權益（銀行透支、長短期借款、公司債等）的固定利息及折扣等費用。
2. **其他呆帳費用**：應收帳款以外的債權的呆帳費用。舉例來說，非金融業的企業若貸款給其他公司，是為營業外活動，若是收不回借款，這筆損失就會被認列為其他呆帳費用，而非推銷與管理費用中的呆帳費用。
3. **處分投資損失、投資評價損失**：處分或評價股票、不動產等投資時發生的損失。
4. **兌換損失、換算損失** ：兌換或換算外幣資產或外幣負債時發生的損失，是與營業外收入相反的會計科目。
5. **捐贈**：未向對方收取任何代價，無償贈與的金錢或資產價值等。

4. 所得稅費用：對公司所得課徵的稅金

　　所得稅費用是政府對公司在某一會計期間的所得課徵的稅金，會將所得稅另作記錄，是因為若要計算稅額，就要先算出公司賺了多少錢，也就是之後會探討的「扣除所得稅費用前之稅前淨利」。

　　除了營利事業所得稅，公司還要繳納各種稅金，這種一般稅金與公司所得無關，因此不歸類為所得稅費用，而是歸類為推銷與管理費用（稅捐），或是記錄成其他會計科目的稅金。對此我們會慢慢去了解。

補充說明

吳會計師偶爾會被問到，損益表上的所得稅費用金額和公司實際繳納的稅額不一致時該怎麼辦。其實這是常有的事，所以完全不用擔心，會出現差異主要是因為採用了讓會計變難的正犯之一「遞延所得稅會計」。我們之後會有機會探討。

44 利潤：
公司賺錢、花錢後剩下的錢

目前為止我們探討了構成損益表的營業收入、營業外收入、營業成本、推銷與管理費用、營業外費用及所得稅費用。現在讓我們來認識利潤。首先，讓我們回想一下被簡化的損益表的樣子。

(+) 收入 1. 營業收入

(–) 費用❶營業成本

(=) 利潤①營業毛利

(–) 費用❷推銷與管理費用

(=) 利潤②營業淨利

(+) 收入 2. 營業外收入

(–) 費用❸營業外費用

(=) 利潤③扣除所得稅費用前之稅前淨利

(-) 費用❹所得稅費用

(=) 利潤④本期淨利

前面說過，損益表是顯示公司賺了多少錢、花了多少錢、最終剩下多少錢的財務報表。與公司賺得的收入、花掉的費用一樣重要的，就是剩下的錢，也就是「利潤」。事實上，對財務報表的主要利害關係者，包括股東、債權人、等待績效工資的員工、課徵稅金的政府等來說，最重要的資訊也應該就是「利潤」。

損益表會將利潤分成營業毛利、營業淨利、扣除所得稅費用前之稅前淨利、本期淨利。大家可能會抱怨，為什麼要刻意把損益表的構造搞得這麼複雜，但把利潤分成這麼多種是有理由的，所以必須先接受這個事實。

會將損益表上的利潤分類列示的原因

公司的營業活動和營業外活動會造成的影響不同，相關的利害關係者也不同，他們會感興趣的利潤資訊當然就不同了。因此，如果將公司的利潤分類列示，就能提供不同對象，即是債權人、股東、政府等，各自有用的利潤資訊。

為了比較好理解損益表的構造，我們可以想像成租借的公寓被法院拍賣。在韓國，法院拍賣掉房子後的錢，扣除稅金和法拍費用後，剩下的錢會優先償還房客租金和押金，之後才會依序償還給銀行、國稅局、屋主等。

現在，讓我們來假設公司的利潤被法拍了，這時誰有優先權利分配得到公司賺得的利潤呢？優先順序被規定必須為債權人→政府→股東。

分配公司利潤時的優先順序：
債權人＞政府＞股東

我們在財務狀況表的章節有說過，公司會藉由負債和從股東權益籌措而來的資金經營公司，然而世界上沒有白吃的午餐，債權人或股東不可能不記任何代價就投資。公司如果營業、賺錢，那這筆錢就要先支付債權人的利息，剩下的錢再繳納稅金給政府，如果之後還有剩下的錢，股東們才有權利主張分配。

在會計，透過營業（製造並銷售產品）賺的錢稱為「營業淨利」，支付債權人利息後剩下的錢，稱為「扣除所得稅費用前之稅前淨利」，接下來公司會把扣除所得稅費用前之稅前淨利分配繳稅給政府，這時分配的款項就是「所得稅費用」，再剩下的、股東們能任意處置的錢，就是「本

期淨利」。

　　像這樣，損益表是一個會告訴我們公司賺了多少錢，而將這筆錢分配給各個擁有優先權的人後，有多少錢回到股東手裡的財務報表。

配得損益表上的利潤的優先順序

損益表	利害關係者
(+) 收入 1. 營業收入	消費者
(−) 費用❶營業成本	供應者（商品進貨金額）
(=) 利潤①營業毛利	能分配給**員工**、債權人、政府、股東的利潤
(−) 費用❷推銷與管理費用	員工（薪資）、供應者（手續費）
(=) 利潤②營業淨利	能分配給**債權人**、政府、股東的利潤
(+) 收入 2. 營業外收入	債務人（利息收入）
(−) 費用❸營業外費用	債權人（利息費用）
(=) 利潤③扣除所得稅費用前之稅前淨利	能分配給**政府**、股東的利潤
(−) 費用❹所得稅費用	政府
(=) 利潤④本期淨利	能分配給**股東**的利潤

45 利潤：利潤的會計科目

讓我們更深入探討損益表上與利潤相關的會計科目。

了解營業成本，才能知道真正的營業毛利

1. 營業毛利（營業收入－營業成本）

公司透過主要營業活動賺得的收入即是「營業收入」，減掉直接對應營業收入的費用「營業成本」後，剩下的利潤稱為「營業毛利」。簡單地說，營業毛利是銷售物品賺得的錢（營業收入）減掉為了得到物品所支付的錢（營業成本）後剩下的錢。

營業收入多是件好事，但也有例外。舉例來說，假設我們以 90 韓元出售用 100 韓元買來的商品，這時營業毛利為 (–)10 韓元，這樣賣得越多，虧損就會越多，就必須趕緊收掉事業。

比較兩家公司時，營業毛利也很重要。假設 A 公司的

營業收入為 100 億韓元、B 公司的營業收入為 80 億韓元，各位會投資哪家公司？如果沒有多想就直接選 A 公司，會有可能栽跟頭，這是因為雖然 A 公司的營業收入比較多、看起來生意做得比較好，但有可能 A 公司的營業成本為 80 億韓元、B 公司的營業成本為 40 億韓元，這時 A 公司的營業毛利是 20 億、B 公司的營業毛利是 40 億，顯示 B 公司比 A 公司更有賺錢的手腕。營業毛利會不同，有著各種原因，可能是 A 公司用低價賣出了更多商品，也可能是 B 公司用比較便宜的價格購入了相同的商品等。

　　我們現在知道了營業毛利的概念。相信如果以後遇到上面的問題，各位至少會先確認下面的事項後再回答。

　　「A 公司和 B 公司的營業成本是多少？營業毛利又是多少？」

想比較各公司的營業毛利就看「毛利率」

　　雖然上面舉了個極端的例子，但實際上，如果是經營類似行業的公司，營業毛利的規模雖然可能不同，但利潤率會差不多。因為顧客群相近，購入的東西也都很類似。

　　各位可能會懷疑，明明每家公司的營業收入或營業成本規模不同，利潤率怎麼會差不多呢？這是非常正常且合理的懷疑。這時，我們能利用名為「毛利率」的財務比率。財務比率是利用四則運算中的「除法」，幫助我們將各種

資訊分析得較為容易比較的工具。

營業毛利除以營業收入的比率就是毛利率，可能有人聽到公式就會害怕，但我們用的既不是微分也不是積分，只是除法而已，各位不需要有負擔。

毛利率會告訴我們每一元營業收入形成多少營業毛利。由於每一元營業收入這個基準相同，雖然不能說完全正確，但我們能大致比較各公司的營業毛利。當然，我們能以相同的邏輯比較一家公司過去和現在的營業毛利，也就能比較公司內各事業部門的營業毛利。

同樣是咖啡業者的 CoffeeBean Korea 和 Starbucks Korea，2015 年的營業毛利和毛利率如下。

會計準則	CoffeeBean Korea 韓國一般公認會計原則	Starbucks Korea 韓國採用國際財務報導準則
1 營業收入	1,389 億韓元	7,739 億韓元
2 營業成本	570 億韓元	3,507 億韓元
3 營業毛利（1—2）	819 億韓元	4,232 億韓元
毛利率（3÷1）	58.9%	54.7%

雖然營業收入和營業成本的絕對金額差異非常大，因此無法單純比較兩家公司，但大概因為是同一行業，毛利率分別為 58.9% 和 54.7%，兩比率相近。這個比率代表兩家公司出售 1,000 韓元的商品時，CoffeeBean Korea 的營業毛利為 589 韓元（1,000 韓元 ×58.9%），Starbucks Korea 的營業毛

利為 547 韓元（1,000 韓元 ×54.7%）。如果比較營業毛利，
Starbucks Korea 大幅超越了 CoffeeBean Korea，但毛利率卻是
CoffeeBean Korea 比較高，這點相當有趣。由於營業收入和
營業成本的明細、絕對金額的規模等相當重要，因此我們無
法單純只用財務比率做出判斷，但可以了解大致上的狀況。

反映主業賺得利潤的會計科目

2. 營業淨利（營業毛利—推銷與管理費用）

　　營業淨利是營業毛利減掉推銷與管理費用後算得的金
額，也就是藉由公司的主要核心事業賺得的利潤。上班族雖
然能偶爾透過股票投資賺錢（或賠錢），但那是次要問題，
首先必須主業賺得多，能領到高額月薪，才能持續過穩定
的生活。公司也一樣，營業淨利是反映公司透過主業賺了
多少錢的指標，也是支付債權人利息、向政府繳納稅金、
支付股東股利的財源。

想比較各公司的營業淨利就看「稅前淨利率」

　　為了比較、分析各公司的營業淨利，財務比率再次登
場。它的名字也很單純，稱為稅前淨利率。稅前淨利率是
營業淨利除以營業收入，它會告訴我們每一元營業收入賺
得多少營業淨利，原理和毛利率類似。

前面提過營業淨利會告訴我們公司藉由做生意賺了多少錢，因此，如果我們想比較誰的生意手腕比較好，利用稅前淨利率就可以了。稅前淨利率會因公司經營的事業而有差異，如果是沒有什麼競爭的獨占市場，稅前淨利率會偏高，如果是競爭激烈的市場，稅前淨利率相對較低。這是因為如果競爭者多，推銷與管理費用金額會隨著公司推展各種推銷活動而增加。

CoffeeBean Korea 和 Starbucks Korea 2015 年的營業淨利和稅前淨利率如下。

會計準則	CoffeeBean Korea 韓國一般公認會計原則	Starbucks Korea 韓國採用國際財務報導準則
1 營業收入	1,389 億韓元	7,739 億韓元
2 營業成本	570 億韓元	3,507 億韓元
3 營業毛利（1—2）	819 億韓元	4,232 億韓元
4 推銷與管理費用	779 億韓元	3,760 億韓元
5 營業淨利（3—4）	39 億韓元	472 億韓元
毛利率（3÷1）	58.9%	54.7%
稅前淨利率（5÷1）	2.8%	6.1%

我們走在路上會發現到處都有咖啡專賣店，表示咖啡專賣店的競爭非常激烈，因此要做各種促銷活動，也要持續打廣告，稅前淨利率當然就會低了。根據上面的資料，兩公司的毛利率都超過 50%，可以推測購買原豆等原物料

時不需要投入大量的費用。儘管如此，兩家公司的稅前淨利率卻都不到 10%，這代表推銷與管理費用負擔大，賣出一杯咖啡時，如果除去各種銷售費用，剩下的利潤僅為咖啡價格的 2.8% 和 6.1%。

補充說明

為什麼要分成營業毛利和營業淨利？

營業毛利是營業收入減掉營業成本的金額，而營業淨利是營業毛利減掉推銷與管理費用的金額。前面已經提過，營業成本和推銷與管理費用的性質不同，因此，營業毛利和營業淨利的性質當然也會不同，兩者性質的差異又會衍生出其他意義。

營業毛利和營業淨利皆是透過公司的營業活動賺得的利潤，只是營業毛利單純反映透過銷售產品或商品，剩下了多少利潤。而營業淨利反映的是公司做生意（包含推銷活動、管理活動）後，剩下了多少利潤。

營利事業所得稅與本期淨利

3. 扣除所得稅費用前之稅前淨利
（營業淨利＋營業外收入－營業外費用）

既然計算出了透過公司的營業活動賺得的利潤，接下

來就該準備把一點一滴累積起來的營業淨利分給債權人、
政府和股東了。扣除所得稅費用前之稅前淨利，是營業淨
利加上營業外收入後減掉營業外費用的金額。其中，支付
給債權人的利息費用是具有代表性的營業外費用，營業外
收入則是公司透過非主業所賺得的錢，像是將資金存放在
銀行賺取利息收入，或是透過股票投資賺錢。雖然這些錢
與公司主業無關（營業外收入），但總之是賺得的錢，就
必須分給政府和股東。

讓我們來確認 CoffeeBean Korea 和 Starbucks Korea 的扣
除所得稅費用前之稅前淨利。

會計準則	CoffeeBean Korea 韓國一般公認會計原則	Starbucks Korea 韓國採用國際財務報導準則
1 營業收入	1,389 億韓元	7,739 億韓元
2 營業成本	570 億韓元	3,507 億韓元
3 營業毛利（1—2）	819 億韓元	4,232 億韓元
4 推銷與管理費用	779 億韓元	3,760 億韓元
5 營業淨利（3—4）	39 億韓元	472 億韓元
6 營業外收入	24 億韓元	59 億韓元 *
7 營業外費用	32 億韓元	151 億韓元
8 扣除所得稅費用前之 稅前淨利（5＋6—7）	31 億韓元	380 億韓元

※Starbucks Korea 按照韓國採用國際財務報導準則，將營業外收入分成金融收入和其他營
業外收入，並將營業外費用分成金融成本和其他營業外費用。在這裡，為了幫助各位理
解，我們將其合併、列示為營業外收入及營業外費用。

4. 本期淨利（扣除所得稅費用前之稅前淨利—所得稅費用）

支付完債權人利息後，就該輪到政府，也就是要繳納稅金了。扣除所得稅費用前之稅前淨利減掉對「所得稅費用」後，就只剩下淨利，由於這個淨利特別是指這一期（本期）的淨利，因此我們稱其為「本期淨利」。

繳納稅金後剩下的本期淨利就只有股東能拿走了，和營業淨利一樣，本期淨利也是重要的利潤資訊。營業淨利會反映出公司生意做得有多好，本期淨利則會反映出公司在做生意、支付利息、繳納稅金、經營其他事業後，最終剩下了多少利潤。

想比較各公司的本期淨利就看「稅後純益率」

如果想比較各公司的本期淨利，會使用名為稅後純益率的財務比率。由於是營業收入與淨利的比值，因此稱為稅後純益率。稅後純益率會告訴我們每一元營業收入能賺得多少本期淨利，和前面探討的毛利率、稅前淨利率也非常相似。

CoffeeBean Korea 和 Starbucks Korea 2015 年的毛利率、稅前淨利率、稅後純益率如右頁。

會計準則	CoffeeBean Korea 韓國一般公認會計原則	Starbucks Korea 韓國採用國際財務報導準則
1 營業收入	1,389 億韓元	7,739 億韓元
2 營業成本	570 億韓元	3,507 億韓元
3 營業毛利（1—2）	819 億韓元	4,232 億韓元
4 推銷與管理費用	779 億韓元	3,760 億韓元
5 營業淨利（3—4）	39 億韓元	472 億韓元
6 營業外收入	24 億韓元	59 億韓元
7 營業外費用	32 億韓元	151 億韓元
8 扣除所得稅費用前之 稅前淨利（5＋6—7）	31 億韓元	380 億韓元
9 所得稅費用	6 億韓元	97 億韓元
10 本期淨利（8—9）	25 億韓元	283 億韓元
毛利率（3÷1）	58.9%	54.7%
稅前淨利率（5÷1）	2.8%	6.1%
稅後純益率（10÷1）	1.8%	3.6%

46 損益表與本期淨利

完成損益表

我們將損益表上的收入、費用、利潤分別區分成了兩種收入、四種費用和四種利潤。如果將各項目放入損益表上的正式的位置，就會完成如下之損益表。

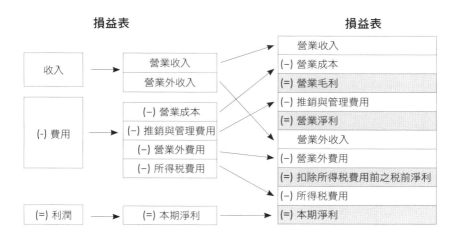

本期淨利是財務狀況表和損益表的橋樑

損益表上一年之間的本期淨利全部都屬於股東，但本期淨利必須要等到股東們商議怎麼使用後才能進行分配，在商議結束之前，公司會先把本期淨利存起來，存放的地方就是財務狀況表上的「股東權益」。本期淨利會在股東權益項目中的「保留盈餘」項目裡慢慢累積起來。

假設我們將今年的本期淨利全部存入了期末財務狀況表，存進去後，損益表上什麼都不剩了，因此明年的本期淨利會重新從零開始。由於需要完成這道流程，因此每年損益表上只會出現當年的本期淨利。

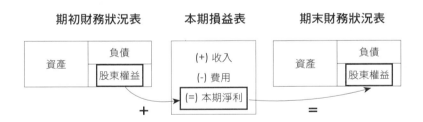

47 在會計，
不是所有稅金都一樣

　　如果遇到熟人正在準備買房，吳會計師一定會去確認某些項目。他會問擬定預算時，有沒有計算房價以外的房屋稅、地價稅等附加費用，由於稅金也是筆不小的金額，因此要是只準備了買房子的錢，之後可能會因為這些附帶支出而感到錯愕。

　　購買汽車也一樣，擁有汽車後，就會每年都必須繳納使用牌照稅及燃料稅。雖然房屋稅、地價稅、使用牌照稅、燃料稅等，看起來都是稅金，但會計會將它們記錄成不同的科目，這意味著並不是所有稅金都是一樣的。

1. 一般稅金：記錄為費用（製造成本或推銷與管理費用）

　　房屋稅、地價稅、使用牌照稅、燃料稅等，是持有資產後每年要繳納的稅金，記錄成費用即可。

2. 對利潤課徵的稅金：記錄為費用（所得稅費用）

對公司所得課徵的營利事業所得稅，會記錄成損益表上的所得稅費用。

稅捐：不只是繳稅金而已

在會計，稅金、罰金、罰鍰三者合稱為「稅捐」，無論是繳納給中央政府還是地方政府，這三者都是義務性地繳納金錢給某個機關，因此為了方便，會計將這些項目合成了一個科目。

1. 稅金

稅金可分成兩大類：繳納給中央政府的國稅（營利事業所得稅、綜合所得稅、營業稅、遺產稅、贈與稅、證券交易稅、關稅等），和繳納給地方政府的地方稅（土地增值稅、使用牌照稅、房屋稅、地價稅等），雖然種類多樣，但我們只要記得名字就可以了。

2. 罰金、罰鍰等

如果違反法律等，就要繳

罰金及罰鍰

罰鍰是對於違反行政義務的人民所科的制裁，由於罰鍰不是刑罰，因此原則上並不適用刑法、不會留下前科，也不會與其他刑罰產生累犯關係（例：違反道路交通安全規則中的停車規定而被處以之罰鍰）。

罰金與罰鍰不同，是作為刑罰制裁所處以之金錢處罰，適用刑法。

交罰金、罰鍰，雖然兩者聽起來很像，但嚴格說來是全然不同的概念，但因為都是違反法律而應支付的錢，因此在會計會被視為一樣的費用。

稅捐的種類多樣，背後的故事也有千百萬種。因此，記錄在損益表和財務狀況表上的方法也會有點不同。

與損益表很熟的稅捐

除了在下一節會探討的和財務狀況表很熟的稅金以外的稅金、公用事業費用、罰金等會記錄成損益表上的費用。而該費用可分成三類：與產品製造相關連的稅捐會記錄成製造成本、與銷售及管理活動相關連的稅捐會記錄成推銷與管理費用、對公司所得課徵的稅金記錄成所得稅費用，三者的區別可見下表。

損益表會計科目 （大分類）	內容	例子
製造成本	與產品製造相關的稅捐	工廠的房屋稅、工廠車輛的使用牌照稅等。
推銷與管理費用	與推銷及管理相關的稅捐	總公司建築物的房屋稅、營業部門車輛的使用牌照稅等、不包含於製造成本的稅捐。
所得稅費用	對公司所得課徵的稅金	營利事業所得稅。

和財務狀況表很熟的稅金

　　由於稅金是一次繳清的費用，因此大家可能會覺得記錄在損益表上即可，大部分的情況也的確這樣想沒錯。但我們在看財務狀況表的時候，將會常常碰到有「稅」這個字的會計科目，如下列。

> 應付營業稅、代收所得稅、應付所得稅（所得稅負債）、預付所得稅（所得稅資產）、遞延所得稅資產、遞延所得稅負債等

　　如果只是看文字，確實看起來是與稅金相關的會計科目，但它們會出現在財務狀況表上，其實都有各自的原因。

1. 權責發生制原則：應付所得稅及預付所得稅

　　顧名思義是與所得稅相關的會計科目，因為權責發生制原則而誕生。應付所得稅是將雖然還沒有繳納（就是雖然還沒有發生），但預計今年要繳納的估計稅額，事先設定為負債的會計科目。預付所得稅是雖然已經事先支付了現金，但因為還沒發生所得稅費用，因此先記錄成資產的會計科目。

2. 別人的稅金：應付營業稅、代收所得稅

因為是事先收的錢，總有一天要還回去，所以應付營業稅和代收所得稅是負債。產品或商品裡包含的營業稅，是最終消費者負擔的稅金，我們可以理解成，公司先向客人收取客人要負擔的營業稅，繳納給國稅局。也就是說，雖然是由公司繳納稅金，但這不是公司的費用，是客人的費用，因為是收取了別人要負擔的金額，所以是負債。因此不會記錄在損益表上，而是記錄在財務狀況表上。

扣繳是公司為了代繳員工的所得稅而事先提撥的稅金。也就是說，這不是公司的費用而是員工的稅金，既然不是公司的費用，就不能放入損益表，而且因為是有義務繳納的債務，因此會記錄成財務狀況表上的負債。

3. 遞延所得稅會計：遞延所得稅資產、遞延所得稅負債

與營利事業所得稅相關的會計科目，我們只要知道這兩個科目和遞延所得稅會計有關即可。

Part 7
細數公司錢袋的
現金流量表

48 為什麼要編製現金流量表？

為了幫助財務狀況表和損益表！

　　再次提醒各位，就算說會計的所有難題都起因於權責發生制原則，也不為過。因為會需要編製現金流量表，也全都是因為權責發生制原則的關係。

　　依照權責發生制原則編製的財務狀況表，會反映截至某一時間點的現金有多少，但它無法告訴我們這筆現金是透過什麼過程得到的。損益表也一樣，本期淨利雖然會告訴我們公司的經營成果，也就是剩下了多少利潤，但這金額並不會告訴我們公司的現金調動能力。

　　相信各位都知道，為了存活，現金有多麼重要。不管生意做得再怎麼好，或未來前景有多麼光明，如果一時現金不夠而無法償還貸款，這家公司當然就完蛋了（就是那個可怕的「倒閉」）。因此，現金資訊非常重要。但我們

無法藉由財務狀況表和損益表確認公司的現金流量資訊，
現金流量表便因而誕生。

現金流入或現金流出

　　現金流量分成兩大類：現金流入與現金流出。如果領
到月薪，就有錢會流入；如果吃午餐，就有現金流出。這
樣看起來，好像現金流入得越多、流出得越少越好。

　　但向銀行借錢也會有現金流入，而這筆錢總有一天要
償還，所以我們不可能因為借錢而感到開心。儲蓄或股票
投資時會有現金流出，但那是為了未來而做的投資，所以
即使現金流出去，心裡仍會感到踏實。

　　也就是說，雖然同樣是現金流入、流出，但性質卻不
同。並不是只要有錢流入就是好事，也不是說只要有錢流
出就一定是壞事。因此，現金流量要依其性質區分、確認。

49 現金有三種：
營業的、投資的、融資的

公司的活動：營業活動、投資活動、融資活動

　　在會計，公司的所有活動只會被分成三種：營業活動、投資活動、融資活動。只要公司有進行活動，就勢必有錢跟著流動，而現金流動的性質最終會和活動的性質一樣，只分成三種。

> **融資活動**：向債權人和股東籌措或償還資金稱為「融資活動」。→負債和股東權益
> **投資活動**：公司投資股票或對外放款等就是投資。因此稱為「投資活動」。→資產
> **營業活動**：公司主要的收益創造活動稱為「營業活動」。三星電子為了製造、銷售手機做的所有活動就是營業活動。此外，不屬於融資活動或投資活動的所有交易皆為營業活動。→資產

只要看財務狀況表，就能輕鬆判斷公司的活動。前面說過，公司會將向債權人和股東籌措資金（負債和股東權益）後經營事業（資產）。如果再稍微深入了解，內容會如下。

1. 公司向債權人和股東籌措資金。（現金流入）→負債和股東權益
2. 用籌措到的資金經營事業、投資。（現金流出）→資產
3. 透過事業和投資賺錢。（現金流入）→資產
4. 用賺得的錢償還負債，並透過有償減資返還股東其投入的資金。（現金流出）→負債和股東權益

下圖是整理了財務狀況表及伴隨公司各項活動的現金流量的內容。

活動	現金流入	現金流出
營業活動	銷售商品	購入商品
投資活動	處分股票	投資股票

借方（左邊）	貸方（右邊）
資產	負債
	股東權益

現金流入	現金流出	活動
借入資金	償還債務	財務活動
發行新股	支付股利	

現金流量表的構造

現金流量表會將公司某一期間的現金流量依活動的性質分開顯示。

1. 營業活動之現金流量

　　顧名思義會顯示營業活動造成的現金流入及流出。像是銷售產品或回收應收帳款時會有現金流入，相反地，如果購買原物料或商品，就會有現金流出。

2. 投資活動之現金流量

　　會顯示投資活動造成的現金流入及流出。例如，購買有形資產和股票皆為投資，會有現金流出，如果出售使用過的有形資產或股票，則會有現金流入。放款時也一樣，如果放款會有錢流出，但如果對方償還，就會有現金流入。

3. 融資活動之現金流量

　　得到債權人和股東的投資、償還負債為融資活動。如果增資，就會有現金流入。貸款時也有現金流入。相反地，如果還錢，就會有現金流出。

　　右頁上表是在韓國一般公認會計原則下，舉例的三種活動之現金流量，各位可以參考看看。裡面探討的是某一期間的公司的現金餘額變動，這個金額加上期初現金餘額的合計金額，當然要和截至期末的現金餘額一致。如果用圖來表示，會像右頁下方的圖。

	現金流入	現金流出
營業活動之現金流量	• 銷售產品而造成的現金流入（包含回收應收帳款） • 利息收入和股利收入 • 在非投資活動和融資活動的交易中發生的現金流入	• 購買原物料、商品等造成的現金流出（包含結清應付帳款） • 支付員工現金 • 繳納所得稅 • 支付利息費用 • 在非投資活動和融資活動的交易中發生的現金流出
投資活動之現金流量	• 回收貸款 • 處分短期投資 • 處分有價證券 • 處分土地	• 短期現金放款 • 取得短期投資 • 取得有價證券 • 取得土地 • 支付開發費
融資活動之現金流量	• 借入短期借款 • 發行公司債 • 發行普通股	• 償還短期借款 • 償還公司債 • 有償減資 • 支付股利 • 買回庫藏股票

上圖裡的期初現金，指的是截至會計期間開始日（或前一個會計期間末）的現金餘額。雖然長得不像財務報表，但這就是現金流量表的基本構造。有趣的是，現金流量表

上會標示出期初現金和期末現金，並透過這些「現金」科目與財務狀況表產生聯繫。意思是，財務狀況表和現金流量表上的期初及期末現金金額會完全一致。

　　真正的現金流量表就跟財務狀況表一樣，因為 A4 紙太窄，所以會將期初現金和期末現金拉到下面（如下表），以便能夠一眼確認。

(+) 營業活動之現金流量
(+) 投資活動之現金流量
(+) 融資活動之現金流量
(=) 現金餘額變動
(+) 期初現金
(=) 期末現金

　　如果看上表，就會發現現金流量表並不是想像中那麼難，透過它，我們能大致了解公司透過營業活動、投資活動、融資活動花了多少現金、賺了多少錢。當然了，如果深入探討詳細內容，就會因為有許多複雜的用語而覺得很難。因此，比起詳細的內容，現階段先讓我們把心思放在「現金流量」的整體內容，因為光是這樣就已經很足夠了。

補充說明

利息和股利的現金流量分類

根據韓國一般公認會計原則，收取利息和股利是營業活動之現金流入。利息和股利收入是投資活動造成的結果，感覺應該被歸類為投資活動之現金流量，但它們卻是營業活動之現金流量。此外，儘管支付利息是從融資活動衍生出來的現金流出，卻也被歸類為營業活動之現金流出，而支付股利又被歸類為融資活動之現金流出。邏輯上，我們無法理解，感覺也沒有一貫性，現金流量表也因此就更難了。

會出現這種難以理解的分類法，是因為現金流量表採用間接法編製。間接法是從本期淨利反過來推測現金流量的方法。雖然利息收入、利息費用、股利收入會影響本期淨利，但其金額一般來說不大。在間接法，像這種對整體沒什麼影響的金額，會直接被丟入營業活動之現金流量裡，因為是一堆被隨便丟在一起的項目，所以當然就不符合邏輯、讓人覺得難以理解了。

但幸好韓國採用國際財務報導準則強調邏輯性，公司可以直接使用上面的分類法，但也可以將收取利息和股利歸類為投資活動之現金流量、將支付利息歸類為融資活動之現金流量。此外，如果是支付股利，為了幫助資訊使用者能夠判斷公司是否有支付股利的能力，公司亦可以將其歸類為營業活動之現金流量。

50 現金流量表採用收付實現制

現金流量表到底難在哪？

現金流量表會很難，是因為它採用了比較簡單的收付實現制原則，但其他財務報表都是採用很難的權責發生制原則編製，然而，採用簡單的收付實現制原則竟然是讓現金流量表變難的原因，真是諷刺。

在這個節骨眼，讓我們再回想一下，權責發生制會計和收付實現制會計。在權責發生制會計，無關乎現金流量，都會在收入和費用「發生的時候」認列它們。如果購物的時候刷信用卡，該款項不會被認列成是信用卡結帳日的費用，而是被認列為購物日的費用。財務狀況表、損益表和股東權益變動表會依照權責發生制原則編製。

在收付實現制會計，現金流入時會認列收入，支付現金時會記錄成費用。也就是說，信用卡使用金額不會在購

物當天，而是在信用卡結帳日，也就是支付現金的那一天被認列為費用（刷卡費在權責發生制原則及收付實現制原則的記錄差異可見下表）。我們只要單純地想「現金流出才認列費用」，這很好理解。家庭收支簿就是依照收付實現制原則編製，而財務報表中，只有現金流量表採用了收付實現制原則。

	權責發生制原則	收付實現制原則
賒銷（收入）	出售日的收入	賒銷款項結清日的收入
信用卡使用金額（費用）	使用日的費用	信用卡結帳日的費用
財務報表	財務狀況表 損益表 股東權益變動表	現金流量表

　　這時，各位可能會突然產生疑問。對任何人來說，家庭收支簿都很好理解，同樣採用收付實現制原則的現金流量表應該也很簡單才對，為什麼會說很難呢？

　　實際上，如果站在現金流量表的立場來看，可能會有點無辜。如果打從一開始就採用收付實現制原則記錄，那現金流量表就會是這世界上最簡單的財務報表。

　　但會計的基本是權責發生制原則，因此，公司的所有交易都是依照權責發生制原則來記錄的。我們不可能為了編製一個現金流量表，就做兩個帳簿，當然只要有心是能

做得出來，但會很花錢。因此我們只好利用既有的資料，就像是警察倒推已經發生的犯罪事件，我們要倒推採用權責發生制原則的會計記錄，使其蛻變成採用了收付實現制原則的其他資料。就是因為這樣，大家才會說現金流量表很難。

實際上，編製現金流量表必須考慮到許多東西，所以吳會計師基本上也討厭編製這個財務報表，因此在執行會計師查核時，負責現金流量表的人通常是剛進公司的新人會計師。但這不代表吳會計師在欺負新人，反而是因為，雖然編製現金流量表很費工夫，但只要做完報表，查驗或審閱時並不會有太大的風險，才會交給新進會計師來處理。

就連會計師們也覺得現金流量表很棘手，我們就不需要太有負擔，而且如果不是在會計部門工作，那更可以放一百萬個心。對我們來說，既然是依照收付實現制原則編製，頂多就是家庭收支簿的難度而已。

51 代表性企業的現金流量表

看現金流量表的方法 1：
Starbucks Coffee Korea

　　既然現金流量表是依照收付實現制原則編製的，那我們就像是看家庭收支簿一樣，直覺地去看它就可以了，也就是看「錢從哪裡流入、錢花在哪裡」。

　　下頁表格是 Starbucks Korea 第 19 期（2015 年）的比較財務狀況表的部分內容，根據內容，截至第 18 期末的現金為 14 億韓元，截至第 19 期末的現金為 38 億韓元，與前期相比，第 19 期的現金增加了 2 倍以上。

Starbucks Korea 第 19 期比較財務狀況表之部分內容

財務報表 (單位：韓元)

科目	附　註	第 19 期（本期）期末	第 18 期（前期）期末
資產			
Ⅰ流動資產		51,113,714,074	51,846,221,678
現金及約當現金	5, 29	2,886,737,010	1,432,843,644
應收帳款及其他應收款	6, 27, 29	17,111,768,273	11,473,922,340
其他流動資產	7	5,955,766,185	4,943,058,006
存貨	8	24,159,542,626	33,996,387,608

　　奇怪了，為什麼現金突然增加了這麼多？因為產生了疑問，所以去看了一下計算損益表，竟發現如同右頁上表所示，本期淨利反而減少了，前一期為 307 億韓元，而本期為 282 億韓元。明明利潤減少，現金卻增加了？這是個疑惑倍增的瞬間。

　　這時我們需要的就是現金流量表。我們將 Starbucks Korea 的現金流量簡單整理成了右頁下表。真正的現金流量表本來記載得相當詳細，如果要一一去檢查會有許多難處，因此我們先無視掉其他所有項目，只看我們要確認的項目，財務狀況表的現金餘額，是否與現金流量表的期初現金、期末現金金額一致。詳細內容如下。

Starbucks Korea 第 19 期綜合損益表之部分內容

財務報表

第 19 期 2015 年 1 月 1 日起至 2016 年 12 月 31 日 第 18 期 2014 年 1 月 1 日起至 2015 年 12 月 31 日 **Starbucks Korea 股份有限公司** （單位： 韓元）			
科目	附註	第 19 期 (本期)	第 18 期 (前期)
Ⅰ 營業收入	19, 27	773,900,207,510	617,094,821,787
Ⅱ 營業成本	19, 21, 27	(350,752,780,987)	(272,185,843,151)
Ⅲ 營業毛利		423,147,426,523	344,908,978,636
推銷與管理費用	20, 21, 27	(376,066,140,747)	(304,693,725,673)
Ⅳ 營業淨利		47,141,285,776	40,215,252,963
金融收入	22, 29	3,860,788,779	3,858,339,226
金融成本	22, 29	(3,054,448,699)	(2,994,262,747)
其他營業外收入	23, 29	2,196,656,251	2,137,911,406
其他營業外費用	23, 29	(12,172,254,411)	(3,088,747,975)
Ⅴ 扣除所得稅費用前之稅前淨利		37,972,027,696	40,128,492,873
所得稅費用	25	(9,685,568,777)	(9,358,382,540)
Ⅵ 本期淨利		28,286,458,919	30,770,110,333

Starbucks Korea 第 19 期現金流量表之部分內容

財務報表　　　　　　　　　　　　　　　　　　　　　（單位：韓元）

	第 19 期 (本期)	第 18 期 (前期)
Ⅰ 營業活動之現金流量	112,112,020,802	85,334,661,084
Ⅱ 投資活動之現金流量	(108,826,127,436)	(118,528,357,468)
Ⅲ 融資活動之現金流量	(832,000,000)	25,832,000,000
Ⅳ 現金增減 （ Ⅰ + Ⅱ + Ⅲ ）	2,453,893,366	(7,361,696,384)
Ⅴ 期初現金	1,432,843,644	894,540,028
Ⅵ 期末現金	3,886,737,010	1,432,843,644

・第 18 期現金流量表的期末現金,是否與第 19 期現金流量表的期初現金、第 18 期財務狀況表的現金餘額一致。

・第 19 期現金流量表的期末現金,是否與第 19 期財務狀況表的現金餘額一致。

這些是一定要一致的數字,要是不一致(雖然不會有這種事),就代表財務報表有問題。

根據第 307 頁下方的現金流量表,與第 18 期相比,第 19 期的營業活動之現金流入增加了約 260 億韓元。而由於投資活動和融資活動之現金流出較多,因此我們能推測,本期現金的增加主要是營業活動造成的結果。營業活動之現金流入會增加,可能是因為公司的咖啡賣得好,或回收了賒銷貨款,或賒購了大量的原豆(即是延遲支付款項日期)等,我們能從許多地方找到增加的原因。

第 18 期和第 19 期的投資活動之現金流量皆為負數,因此我們能推測公司一直以來都有在投資。實際上,我們能看出現金流出因為取得有形資產和無形資產、押金增加等而變多。

雖然第 18 期的融資活動之現金流量增加了 258 億韓元,但第 19 期卻減少了 8 億韓元。我們可以推測公司應該是在第 18 期時向某處借了大筆貸款,並在第 19 期時償還了許多。

黑字倒閉：現金流量表都知道

　　有時會有營業績效好，本期淨利也很高，看起來沒什麼問題的公司，卻因為沒有現金可以馬上償還債務而突然倒閉，這就是所謂的「黑字倒閉」。

　　並不是本期淨利增加，持有的現金就會立刻增加，這是因為在權責發生制會計，如果賒銷物品，即使沒有收到款項，也會將其認列為出售當天的收入的關係。因此，光看財務狀況表或損益表，是無法預測公司是否會黑字倒閉。

　　但如果看現金流量表，不僅能確認多少現金流入了公司，還能大致預測出未來的現金流量。因此，現金流量表扮演起了重要的角色。

　　如果營業活動之現金增加，代表公司有確實回收銷售貨款。當然也可以解釋成，購買原物料時延遲支付貨款，另外也有可能因為沒有錢，所以根本沒能購買原物料。

　　如果投資活動之現金流量增加，可能是公司處分掉了持有的股票或工廠，或收回了放貸的錢。又或者，公司只投資了少量金額在機械或工廠上，也可以解釋成沒有花錢投資。

　　如果融資活動之現金流量增加，我們可以去確認公司是否有貸款或增資。公司有可能因為難以從內部融資，而向股東或債權人融資，另外也有可能公司沒錢而無法償還

債務。

　　現金變動的原因除了從現金流量表得知，還可以透過串聯財務狀況表上的資產負債變動、損益表上相關的損益變動等進行推測，也可透過附註、與公司相關的新聞（例如出售公司辦公樓或海外貸款等）、年度報告等各種管道確認。財務報表分析並不是什麼了不起的東西，我們會像這樣在分析財報的過程中產生疑問，為了消除疑惑，就去找相關資料確認，而這個消除疑惑的過程其實就是財務報表分析。

看現金流量表的方法 2：東洋集團

　　曾大規模發行債券籌措資金的韓國東洋集團，最終在 2013 年進入了法院接管程序，而這在當時引起了很大的社會議題。讓我們來觀察進入法院接管程序的前一年，也就是 2012 年東洋集團的現金流量表，看看這種資金危機的徵兆是否早就已經浮現。其實也不需要很仔細地看，只要確認各個活動之現金流量是否正常就可以了。

　　從右頁表格可以看出，東洋集團在 2012 年時的營業活動之現金流量為 (-)320 億韓元，這代表即使出售了物品，資金仍然周轉不靈，現金流出大於流入。

東洋的現金流量表

財務報表 　　　　　　　　　　　　　　　　　　（單位：韓元）

	2012 年	2011 年
Ⅰ 營業活動之現金流量	(32,016,072,845)	(97,654,036,195)
Ⅱ 投資活動之現金流量	(8,035,159,255)	(174,465,481,543)
Ⅲ 融資活動之現金流量	32,233,449,048	218,170,085,096
Ⅳ 現金增減（Ⅰ＋Ⅱ＋Ⅲ）	(7,817,783,052)	(53,949,432,642)
Ⅴ 匯率變動之影響	270,902	(12,608,531)
Ⅵ 期初現金	9,714,895,056	63,676,936,229
Ⅶ 期末現金（Ⅳ＋Ⅴ＋Ⅵ）	1,897,382,906	9,714,895,056

　　相反地，融資活動之現金流量為 (+)322 億韓元，進一步確認詳細內容後發現，是因為借了錢才會有現金流入。值得注意的是，短期貸款造成的現金流入金額竟超過了 1 兆韓元，這意味著短期內（1 年內）要償還的債務高達 1 兆韓元。換句話說，公司馬上（1 年內）會需要一筆金額非常大的現金。

　　也就是說，公司處於越是經營事業，就越是無法賺得利潤、只有支出的情況，而且短期內將到期的債務金額非常龐大。這一看就知道並不正常，因此我們能知道，當時東洋集團的情況並不很理想。

　　現金增加並不一定就是好事，但也不一定是壞事，我們需要考慮到各種情況後再做出判斷。反正光靠一個現金流量表，我們什麼也做不了，但儘管如此，在其他財務報表都採用權責發生制原則的情況下，現金流量表提供的資訊仍然極具價值。

補充說明

現金流量表的編製法，直接法 vs. 間接法

根據如何推算營業活動之現金流量，我們可使用直接法或間接法編製現金流量表。

1. 直接法：顧名思義指直接顯示現金流量的方法。就像是依照收付實現制原則，真的記錄帳簿一樣。由於能直接用眼睛確認現金的流入及流出，因此對資訊使用者來説，容易理解又有用。因此韓國採用國際財務報導準則建議使用直接法。

但如同前面所説，公司的所有會計記錄是依照權責發生制原則編製的，所以如果要採用直接法編製現金流量表，就必須要對已經採用權責發生制原則記錄好的帳簿下很多功夫。我們必須像打從一開始就按照收付實現制原則編製報表一樣，因為要把明明就沒有做的事情處理成像是做了一樣，對編製的人來説是件非常困難的事，所以實務上，大部分的公司會使用間接法。

2. 間接法：用依照權責發生制原則編製的損益表上本期淨利（或本期淨損），加上沒有現金流出的費用，再減掉沒有現金流入的收入，來顯示營業活動造成的資產負債變動的方法。因為能利用現有的資料，所以沒有直接法繁瑣。

Part 8

財務報表的兄弟們：
股東權益變動表
及附註

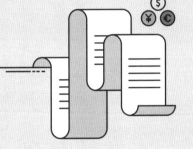

52 股東權益與股票之間隱密的關係

如灰塵般消失的股票，
無償減資造成股東被強制退出

吳會計師有個朋友在去美國留學前，購買了聽說前景光明的 KOSDAQ 公司的股票。多虧了在留學期間聽到股票價格飆漲的消息，這個朋友度過了幸福的留學生活。但結束了長時間的留學，回國確認股票帳戶時發現，原本應該已經成為一大筆財產的股票，竟然連一股都不剩了！

吳會計師從新聞得知，在股價上漲之前，公司進行了好幾次無償減資、減少流通股。進行比例為 10% 的無償減資時，持有 10 股的股東們會變成只持

> **無償減資**
>
> 顧名思義，是指無償減少股本。為了保存累積起來的公司虧損，在減少股本的過程中，會透過減少每股面值，或以固定比率減少股份數量（股票合併）進行減資，這時股東們無法得到任何補償。

有 1 股（10 股 ÷ 10 ＝ 1 股）。

那麼，持有少於 10 股、只持有 9 股的股東們會變得怎樣呢？就計算結果來說，應該是 0.9 股（9 股 ÷ 10 股＝ 0.9），但股票必須要為 1 股以上，0.9 股這種未滿 1 股的股票稱為「零股」，而只要產生零股，就只能花錢把它賣掉。也就是說，這個股東不再是股東了。

不出所料，吳會計師一翻這家公司過去的股東權益變動表，就發現公司股本因為無償減資而減少了。大概就是因為經過多次無償減資，這位朋友持有的股票數量一次次減少，最後被處理成了零股，他的股票就像灰飛煙滅了。吳會計師謹慎地幫忙確認到，因為無償減資，這位朋友的股票被處理成了零股，同時也被踢出了股東名單。

公司的主人是股東。而反映股東持有份額的財務狀況表項目，正是股東權益。但是，財務狀況表只會提供截至某一時間點的股東權益有多少、明細為何等資訊，我們無法知道股東權益的變化內容。就算像吳會計師的朋友被強制踢出股東名單，我們也無法確認原因。

這時能派上用場的報表就是股東權益變動表，裡面包含了股東權益的明細的變動，因此，只要記清楚股東權益的明細，就等於學完了股東權益變動表。

53 什麼是股東權益？

成為股東的方法：設立公司或購買股票

　　成為股東的方法有兩種，投入資金、設立公司，或購買別人公司的股票。除此之外，當然還有參與有償增資，或購買可轉換公司債券之後轉換成股票等各種方法，但現階段讓我們先記住兩個方法。

　　如果想要成為股東，一般會想到購買股票這個方法。但如果我們記住在會計的股東權益裡，「股東是公司的設立者」將會對我們很有幫助。各位可能會覺得，反正都是成為股東，是設立公司還是購買股票有什麼差別，但其實這兩個的會計處理不太一樣。總而言之，由於在股東權益會計裡的規範是「設立者優先」，因此如果沒有另做說明，接下來提到的「股東」指的都是公司的設立者。

股東權益會遵從《商法》的命令

在這裡我們要先說清楚，公司設立並不屬於會計範疇，而是屬於《商法》範疇。公司自設立到清算，都必須遵守《商法》規定的各種流程（註1）。《商法》的各種規定中，特別與會計相關的內容為股東權益，舉例來說，股份有限公司的股東權益必須分割為股票，且股票的金額必須相同等。由於《商法》規定的東西又細又多，因此如果不知道《商法》，可能會覺得股東權益會計很難。

股東權益的構成要素： 實收資本及屬於股東的利潤

股東權益會顯示股東持有的公司的股份份額。股東的持有份額「股東權益」由1.股東投入公司的實收資本和2.公司透過各種活動賺得的利潤中目前被保管的「屬於股東的利潤」等構成。

1. 實收資本：股本與資本公積

實收資本是公司設立時，股東投資的錢。股東權益會被分割成股票，韓國的股票大部分是面額股票。面額股票是指面值固定的股票，而一家公司股票的每股面值皆相同。

基於發行股票時，至少要收取面值以上的金額，因此訂有面值。這一切都是《商法》規定的內容，所以我們只要知道有這些內容即可。面值、股票發行價格、股票價格（股價），三者是不同的概念。

股票發行價格＝股票面值（股本）＋股本發行溢價（資本公積）－股本折價（權益調整）

- **面值**：《商法》規定的面值→ NAVER [註2] 股票 1 股的面值僅為 500 韓元。
- **股票價格**：正在進行交易的股票的價格
  →在股票市場進行交易的 NAVER 股票價格為數十萬韓元以上。因此，要是吵著要以 500 韓元購買股票，一定會被當成奇怪的人。
- **發行價格**：發行股票時，公司決定向股東收取的金額
  →假設 NAVER 有償增資、募集股東，也就是最初發行股票時，公司決定向股東收取每股 30 萬韓元，那 30 萬韓元就是這個股票的發行價格。這 30 萬韓元與在股市進行交易的 NAVER 股票價格不同，是公司決定收取的金額。由於新股東會投入公司 30 萬韓元，以作為股票 1 股的代價，因此這個發行價格會記錄成公司的實收資本。

在會計，實收資本分成股本和資本公積。實收資本中，相當於面值的金額稱為「股本」，而超過面值的金額稱為「資本公積」。資本公積是指在與股東的交易中，使股東權益增加的盈餘。我們可以理解成，股東投資的金額中，超過股本而剩下的投資額。當 NAVER 將面值 500 韓元的股票，以每股 30 萬韓元之發行價格有償增資時，因為有償增資 1 股造成的 NAVER 股東權益變動會如下。

股票發行價格

股票發行價格會經公司考慮過專門評價機關的評價、目前股票的時價、其他各種要素後決定。雖然可能和時價相近，但並不代表股票發行價格即為時價。

股本

如果公司發行了無面額股票，那一般來說，股票發行價格會全額記錄成股本。韓國允許發行無面額股票的歷史並不長。

資本公積

本來稱為「股本發行溢價」，意思是「超過發行股票時的面值的金額」。這是具有代表性的資本公積。資本公積可以分成股本發行溢價和其他資本公積，不過我們只要看過定義即可。

	金額	會計科目	股東權益的變動
1. 面值	500 韓元	股本	增加 500 韓元 ×1 股＝500 韓元
2. 超出面值之金額	299,500 韓元	資本公積	增加 299,500 韓元 ×1 股＝ 299,500 韓元
發行價格（1＋2）	300,000 韓元		

權益調整

權益調整是指，雖然是與股東進行的權益性交易，但很難將其視為最終被投入的股東權益，或因為具有股東權益的減項性質，而無法被歸類為股本或資本公積的項目們。在韓國一般公認會計原則稱為「權益調整」，在韓國採用國際財務報導準則稱為「其他權益」。除了股本折價，還有庫藏股票、股票選擇權、減資損失、處分庫藏股票損失等，各位只要參考即可。

2. 臨時性股東權益：權益調整

雖然不會有這種事發生，但假設 NAVER 將比面值 500 韓元還低的金額，例如 450 韓元作為發行價格、有償增資（發行價格公司可自行決定），由於面值 500 韓元是根據《商法》和公司章程決定的金額，因此如果發行了比這個金額低的股票，公司就必須要儘早補上這個差額。《商法》就是規定要這麼做。會規定面值，目的就是為了至少要收取面值以上的金額發行股票。這時，為了表示公司將立即解決這個差額問題，公司會將相當於面值 500 韓元的金額記錄成股本，而差額會另做記錄（這筆差額稱為「股本折價」。意思是，打折後——低價——發行股票產生的差額）。由於差額是即將被調整而消失的項目，因此我們會使用名叫「權益調整」的會計科目（如下表）。

	金額	會計科目	股東權益的變動
1. 面值	500 韓元	股本	增加 500 韓元 ×1 股 = 500 韓元
2. 未達面值之金額	(−)50 韓元	權益調整	減少 (−)50 韓元 ×1 股 = 50 韓元
發行價格（1＋2）	450 韓元		

3. 屬於股東的利潤：保留盈餘

公司的利潤歸屬於股東，因此除非股東拿走公司賺得的利潤，不然利潤會一點一滴累積起來。因為利潤有剩且被保留，因此該科目稱為「保留盈餘」。我們在損益表上看到的公司的

> **其他累積綜合損益**
>
> 其他累積綜合損益為截至報導期間結束日，所擁有的備供出售證券投資評價損益、國外營運機構之換算損益、現金流量避險之衍生性金融商品評價損益等的餘額。現階段可以當作沒看到。

成果「本期淨利」，會在股東權益的保留盈餘項目裡累積起來。也就是說，如果發生本期淨利，保留盈餘就會增加。

而作為投資報酬，股東領到的股利來自於公司一直累積存放的保留盈餘，因此，如果分配股利，保留盈餘會減少。

除此之外，還有名叫其他累積綜合損益的科目，不過因為要很了解會計才能理解這個內容，所以我們只要記得股東權益包含實收資本、屬於股東的利潤、「其他權益項目」就可以了。

股東權益之構成要素

股東的持股份額	股東權益
實收資本	股本、資本公積
屬於股東的利潤	保留盈餘
其他	權益調整、其他累積綜合損益等

股票時價（在股票交易 APP 裡）vs. 股票發行價格（在財務報表裡）

　　上市櫃股票任何時候都會在股市裡進行交易，假設今天買了 NAVER 的股票，雖然持股率微乎其微，但我們還是可以成為 NAVER 共同的主人。只不過，股東之間買賣股票並不代表會另有資金流入公司，這是因為股東之間的交易無關乎公司，僅僅是股東們利用各自持有的股票進行買賣而已。因此，這種交易不會對 NAVER 的財報造成任何影響。

　　會影響公司財務報表的，是股東實際上投入公司（或從公司流出）的錢，包括公司最初設立的時候，或公司增資、股東另外投入資金的時候，或公司透過減資還股東錢的時候。雖然就算沒有現金流入或流出，股東權益項目還是有可能變動，但這都無關緊要。要注意的是，不管股東之間發生了什麼事，都不會影響公司的財務報表。

　　股票價格、股價、股票市價都是一樣的東西。三個名詞都是股東們買賣股票的價格，也就是在目前股市進行交易的股票價格。由於股價是現在這個時間點的價格，因此會跟我們在股票交易 APP 確認的結果一樣，金額會不斷改變。而股票的發行價格是最初發行股票時，股東投入公司的金額，公司財務報表上的股東權益就是這個發行價格（股本＋股本發行溢價－股本折價）。股票的發行價格會在最初發

行股票時決定，而且不再改變。只要股票以發行價格發行，股東之間就會開始進行交易，而在這個過程中形成的交易價格就是股價。

股東權益的種類總整理

如果整理前面的內容，可以得到這樣的結論：股東權益是由股本、資本公積、權益調整、其他累積綜合損益和保留盈餘構成。這些用語只是看起來很難，內容本身其實很單純。

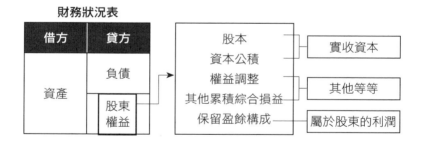

54 股東權益變動表很雞婆

股東權益變動表是從股東的角度看的報告

好了，終於要來了解股東權益變動表了。股東權益變動表會提供某一期間內，股東權益大小和變動之相關資訊，對股東來說，這個報表會提供股東在一年之間，自己的持股率在公司是如何增加、減少等相關資訊。

首先，讓我們先簡單列出股東權益的構成項目。

股本	資本公積	權益調整	其他累積綜合損益	保留盈餘

到目前為止都非常簡單。但接下來會更簡單。

我們已經提過股東權益變動表是反映股東權益的變動的報表。因此，股東權益變動表只要告訴我們各股東權益

的構成項目最初有多少、變動了多少、最終變成了多少就可以了。就像下面的表一樣。

	股本	資本公積	權益調整	其他累積綜合損益	保留盈餘
期初					
增加內容					
減少內容					
期末					

如果因為增資，股本和資本公積增加，我們就在各個項目的增加內容裡記錄增加的金額。相反地，如果因為減資，股本減少，那就要記錄在股本減少項目裡。如果支付股東股利，保留盈餘會減少，這時保留盈餘項目的減少內容裡會出現支付股利這個明細。這些就是股東權益變動表的所有內容了。

連結財務狀況表和損益表

其實股東權益變動表是一個非常愛多管閒事的財務報表，這是因為它包含了財務狀況表和損益表這兩個表。

股東權益變動表的期初股東權益金額，是從前期的財務狀況表裡拿來的。我們先假設股東權益項目沒有其他變動（像是增資或減資），然後用期初股東權益金額加上本期

損益表上的本期淨利（保留盈餘增加），這樣算得的金額，就是股東權益變動表上的期末股東權益金額。股東權益變動表的期末股東權益金額，會與本期財務狀況表上的股東權益金額一致。

連接財務狀況表和損益表的就是股東權益變動表，可以說它是個非常善良的財務報表。

	股東權益變動表的股東權益
期初	前期財務狀況表的股東權益
增加	本期損益表的本期淨利
期末	本期財務狀況表的股東權益

55 小看附註，小心出大事

無庸置疑是財務報表之一

相信各位在做作業或寫報告時，都曾為了註明參考文獻，或附上更仔細的說明，而另加附註。我們當然也能從書或論文裡輕鬆找到附註。

財務報表中的附註，會將資訊使用者無法只透過財務狀況表、損益表、股東權益變動表、現金流量表上的數字獲得資訊另做標註。可能有人會感到疑惑。只不過是參考用的資料而已，「有必要分類成另一種財務報表嗎？」不過讓我們反過來思考看看，「到底是有多重要，才會被分類成一個財務報表」。

想確認附註時，來確認會計師查核報告

　　附註可以輕鬆地在公司的會計師查核報告上找到。會計師查核報告是會計師在執行完查核後，對於公司的財報是否有按照會計準則允當地編製，提出審查意見的文件。會計師查核報告上不只會有會計師的查核意見，還會附上公司的所有財務報表，因此我們可以說會計師查核報告是一個寶庫。雖然是寶庫，但其實任何人都可以在金融監督院電子公示系統（台灣為公開資訊觀測站）輕鬆閱覽，所以更是寶貴。

附註的用途

　　不同於其他財務報表，附註沒有特別的形式或格式，就像我們在書裡看到的附註。書裡如果有附註，就會在正文標示附註號碼，而我們會去找該附註內容來看。財務報表也一樣。如果仔細看財務狀況表、損益表、現金流量表和股東權益變動表（在這裡我們稱這些報表為「財務報表正文」），就會發現有名叫附註的項目，那裡會有附註號碼。

　　附註在財務報表正文後面，如果對財務報表正文內容有疑問，只要確認正文裡的附註號碼，再去找那個附註來看就可以了。附註裡會記載著許多句子，有時還會有圖表

或一些數字，但不管內容為何，與格式本身就很難、會讓人暈頭轉向的其他財務報表相比，附註親民多了。

現在讓我們來看看附註的內容。附註裡的資訊多到我們無法一一列出，事實上，出具查核意見只要一頁就夠了，財務報表正文也大概只要 4 頁，但大部分的會計師查核報告會多達數十頁，而這都是因為附註的關係。

財務狀況表裡的附註及附註號碼

財務報表

財務狀況表

第 20 期 2016 年 1 月 1 日起至 2016 年 12 月 31 日
第 19 期 2015 年 1 月 1 日起至 2015 年 12 月 31 日
Starbucks Korea 股份有限公司

（單位：韓元）

科目	附註	第 20 期（本期）期末		第 19 期（前期）期末	
資產			68,636,484,803		
I 流動資產		1,992,681,862			51,113,814,074
現金及約當現金	5, 29	26,869,604,214		3,886,737,010	
應收帳款及其他應收款	6, 27, 29	6,692,981,963		17,111,768,273	
其他流動資產	7	36,081,316,774		5,955,766,166	
存貨	8		438,418,556,042	24,159,642,626	
II 非流動資產		3,000,000			398,156,451,697
長期金融性商品		186,048,196,106		3,000,000	
有形資產	29	13,621,166,268		184,532,114,306	
無形資產	9	209,067,398,703		8,060,642,143	
其他流動資產	10, 27	13,521,166,258		8,060,642,143	
其他金融資產	11, 29	209,057,398,703		183,018,136,462	
其他非流動資產	7	12,386,983,363		9,152,939,376	
遞延所得稅資產		17,401,811,612		13,389,619,411	
資產總和			607,055,040,845		449,270,265,771

56 附註重要的理由

附註裡的三種資訊

附註包含的資訊可正式分為三大種類。

第一，附註裡會註明公司採用了韓國採用國際財務報導準則，或是韓國一般公認會計原則，各財務報表的各項目又是採用了何種會計政策，做詳細的說明。由於這部分屬於比較有深度的會計內容，所以可能會有點難。像是公司採用的存貨評價方法、認列收入的基準等資訊，都會在附註裡面。在比較深入學習會計、想確認自己是否真的弄懂時，去看附註會很有幫助。

第二，有些會計準則要求揭露的資訊，可能沒有出現在財務報表正文，而附註會提供我們這些資訊。舉例來說，假設公司被大型訴訟纏身，如果最後敗訴，就得支付金額龐大的賠償金，這種資訊也必須告知公司的外部關係人。

但因為還不知道結果是勝訴還是敗訴，所以無法在財務報表正文記載這個內容。在會計裡，我們稱這種狀況為偶發狀況，而附註會記載這些內容。我們偶爾會發現公司被莫名其妙的訴訟纏身，所以看附註其實滿有趣的。

第三，雖然沒有記載在財務報表正文上，但有助於理解財報的資訊也會被記載在附註裡，最具代表性的，一般來說是被記錄為附註 1 的「公司概要」。「公司概要」會告訴我們公司什麼時候設立、經營什麼事業、主要股東有誰，光看附註就能確認關於公司的整體資訊，而且這資訊還是免費的。

要是有想知道的公司資訊，去公司網頁或檢索新聞，幾乎就可以找到所有資訊。但有時候我們會厭倦這種千篇一律的搜尋方法，或想得到更明確的內容，這時就可以看附註，可能會意外撈到寶貴的資訊。

Starbucks Korea 2016 年之會計師查核報告之附註 1. 公司概要

附註

第 20 期 2016 年 1 月 1 日起至 2016 年 12 月 31 日
第 19 期 2015 年 1 月 1 日起至 2015 年 12 月 31 日
Starbucks Korea 股份有限公司

1. 公司概要

Starbucks Korea 股份有限公司（以下稱「本公司」）設立於 1997 年 9 月，主要經營事業項目為咖啡及相關用品之進口、製造、銷售。此外，截至本期期末，本公司的實收資本為 20,000 百萬韓元，與美國法人 Starbucks Coffee International, Inc 各持本公司 50% 之股份。

此外，截至 2016 年 12 月 31 日之財務報表，於 2017 年 2 月 6 日獲本公司董事會之最終批准。

補充說明

勢力衰落的某財務報表：保留盈餘表

有個曾經紅極一時的財務報表，但隨著會計準則改變，這個報表受到了被踢出財報界的羞辱。這是一個關於一夕之間身分遭逆轉的「保留盈餘表」的故事。

保留盈餘表是反映股東持股份額的股東權益中，「公司賺的錢中屬於股東的份」，也就是剩下的「保留盈餘」有哪些變動的報告。只要在股東權益變動表中去掉「保留盈餘」項目，就會變成保留盈餘表。

本來保留盈餘表是一份財務報表，但有鑑於大家希望得到關於股東權益變動的完整資訊，從 2006 年 12 月 31 日起，韓國企業便開始編製股東權益變動表，而其取代了保留盈餘表。但《商法》仍將保留盈餘表包含在基本財務報表裡，也就是說，不管在會計裡的角色如何變化，我們仍然要根據《商法》繼續編製保留盈餘表，只不過它在財務報表的正文仍然沒有容身之處，而是被記載在附註裡。

書後附錄

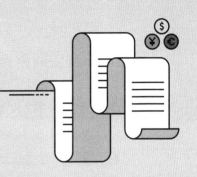

為什麼要知道財務比率？

如果不理會財務比率⋯⋯

活用財務比率的好處

變現能力比率（短期償還能力比率）

負債比

盈利能力比率

資產管理比率

為什麼要知道財務比率？

財務比率會使財務報表變得簡單

　　會計很難，所以大部分的人都會覺得「看懂財務報表」也很難。但我們可以這樣想想看。

　　有一個人非常喜歡職業棒球，球賽看多了，自然就了解比賽規則，甚至連喜歡的選手簡歷都能倒背如流。其實，只要有時間又有興趣，無論是誰都能去觀看球賽。

　　要成為職業棒球選手當然很難，不只是要把球丟向正確的位置不簡單，就連接要住空中的球都很困難。在擊球區也一樣，不要說打不到球了，說不定還會被驚人的球速嚇到跌坐在地上。

　　但打棒球是職業棒球選手要做的事，而不是一般人要做的事。我們只要買票、到棒球場，就能開開心心地觀看球賽了。就算不刻意去球場，也可以舒舒服服地看電視轉播，解說員還會說明哪個選手怎樣、接下來的球賽預測會如何等等，享受棒球是多麼輕鬆啊。

　　會計也一樣。會計很難，但製作財務報表、解釋高難度的會計基準這種事，交給會計師或會計部門的「職業會計選手」去處理就可以了。一般人只要在了解一些會計基本事項後，去

讀已經做好的財務報表就可以。

　　就像觀眾可以透過電視轉播，輕鬆觀看球賽一樣，在會計，為了讓我們能夠輕鬆地去讀財務報表（「讀財務報表」常常會說成「分析財務報表」），會計會提供名叫「財務比率」的工具。

財務比率是什麼？

　　財務比率顧名思義指「與財務相關的比率」。如果再稍微正式地說明，財務比率指「以數學的方式，表現出財務報表上的各個會計科目數字之間的關係」。

　　財務報表上有非常多的數字，哪些數字重要、一定要看，我們一開始一定會摸不著頭緒。此外，與其說財報上的數字具有意義，不如說它們在分析各個會計科目之間的關係、比較過去和現在、與其他公司進行比較時，更具重要意義。

　　我們可以把財務比率理解成，為了幫助抽不出時間來的大忙人，和覺得會計很難的人，更容易理解、便於比較分析，而從財務報表中挑出具有特別意義且重要的數字，將它們套入事先訂好的公式計算出來的比率。

如果不理會財務比率⋯⋯

理解財務比率

　　讓我們來看看下面的財務報表，各位還滿意下面的判斷內容嗎？

　　資訊 1：A 公司今年的營業收入為 1,000 億元，營業成本為 900 億元，營業毛利（營業收入—營業成本）為 100 億元。

　　判斷：如果毛利是 100 億，感覺業績並不差。

　　資訊 2：A 公司的前期營業收入為 800 億元，前期營業成本為 600 億元，前期營業毛利為 200 億元。

　　判斷：今年的營業收入比去年增加，營業成績似乎不錯。但營業毛利反而比去年少，對此，我們會產生疑惑。

　　資訊 3：B 公司今年的營業收入為 10 億元，營業成本為 8 億元，營業毛利為 2 億元。

　　判斷：營業毛利只有 2 億元，B 公司比不上 A 公司。

　　像這樣，如果要作出某個判斷時，能利用財務比率去讀財務報表，就能做出更具體的判斷。

計算財務比率：毛利率＝營業毛利 ÷ 營業收入

　　毛利率是一種財務比率，會反映每一元營業收入賺得了多少營業毛利。我們先不管它的意義，先計算看看毛利率，只要從財務報表裡找出需要的數字後，代入公式計算即可。

　　根據上開公式，A 公司今年的毛利率如下，為 10%。這意味著，賺得的營業毛利只有營業收入的 10%。

毛利率＝營業毛利／營業收入＝ 100 億／ 1,000 億＝ 10%

　　A 公司去年的毛利率如下，為 25%。

毛利率＝營業毛利／營業收入＝ 200 億／ 800 億＝ 25%

　　此外，B 公司今年的毛利率為 20%。這代表營業收入的 20% 為公司的毛利。

毛利率＝營業毛利／營業收入＝ 2 億／ 10 億＝ 20%

活用財務比率的好處

1. 就能看懂財報的意義

利用財務比率，我們能具體地透過數字確認，A 公司今年的毛利為營業收入的 10%，去年的則是 25%。比起漫無目的地直接分析財報上的數字，利用財務比率，就能更簡單、有效率地確認理解具有意義的資訊。

2. 能夠分析財報各項目的變化、趨勢

透過數字，我們可以立即確認財報上各個項目的變化，像是 A 公司本期的營業收入比前期增加，但去年的毛利率為 25%，今年卻只有 10%，減少了足足 15%，各位不覺得奇怪或是應該要另作探討嗎？像這樣，只要活用財務比率，就能立即又具體地發現哪些項目不尋常，也因此非常易於建立分析計畫。

3. 能與其他公司進行比較、對照

應用財務比率，也能更輕鬆地與其他公司的財務報表進行

比較。如果只看毛利規模，A 公司的業績遠高於 B 公司（100 億韓元 vs. 2 億韓元）。

如果看營業收入規模，我們可以理解成：與 A 公司相比，B 公司是一家規模相當小的業者。因此，單純只以營業收入、營業成本、營業毛利等金額比較兩家公司，並沒有太大的意義。但是，我們有必要因為這樣就捨棄掉 B 公司嗎？

如果我們了解財務比率，就不會只比較財報上的數字就輕易作出決策。因為當兩家公司具備的條件不同時，透過比較、分析財務比率，或許可以得到具有意義的資訊。讓我們來觀察兩家公司的毛利率（10% vs. 20%），可以發現 B 公司雖然規模小，但透過營業賺得的毛利卻比 A 公司多了 10%。說不定 B 公司規模雖小，但營運公司時非常地有效率，是一家極具成長潛力的優秀企業呢。

讓我們利用各種財務比率，輕鬆理解財報

財務報表提供的資訊量龐大，財務比率也一樣種類繁多。舉例來說，有會反映出公司短期支付能力的變現能力比率、反映出長期支付能力的負債比 、顯示獲利能力的盈利能力比率、展現效率的資產管理比率等。

如果不知道這些財務比率的意義，可能會覺得它們比一般會計還難，但各位要記得，財務比率存在的目的，是為了幫助我們「能輕鬆便利地讀懂財務報表」。

變現能力比率（短期償還能力比率）

變現能力比率會反映出公司有短期負債時，為了償還這筆負債，公司短期內有多少能兌現的資產。最具代表性的變現能力比率有流動比率和速動比率。

1. 流動比率

流動比率（current ratio）是流動資產（包含速動資產和存貨）除以流動負債算得的比率。

流動比率＝流動資產 ÷ 流動負債

一般來說，流動比率如果超過 2：1（200%），我們會評定該公司的短期負債償還能力佳。讓我們好好想想看這個公式。流動比率為 200%，意味著流動資產比流動負債多兩倍，既然資產多了兩倍，就可以認定這家公司具有足夠的能力償還債務。

流動比率越高，公司的現金調動能力就越高，因此債權人

會覺得越有保障。

2. 速動比率

　　計算流動比率的時候，屬於分子的流動資產裡，包含了存貨等較難兌現的科目（難兌現是指流動性低，反之，流動性高即意味著容易兌現。由於存貨必須要透過營業活動銷售出去，才能轉換成現金，因此屬於流動性低的資產）。因此，在計算速動比率時，會扣除掉這類資產，只考慮流動性高的速動資產。

　　速動比率（quick ratio）是速動資產除以流動負債算得的比率。

速動比率＝速動資產 ÷ 流動負債

　　在這裡，速動資產包含現金及約當現金、短期投資、應收帳款、預付費用、遞延所得稅資產等。一般來說，如果速動比率超過 1：1（100%），債權人會覺得比較安全，各位可以參考一下。

負債比

變現能力比率會反映出公司有沒有籌措現金、償還短期債務的能力，而負債比 則會顯示出，公司有沒有償還長期負債及其利息的能力。

1. 負債淨值比（負債股東權益比）

負債淨值比（debt to equity ratio：D/E ratio）是負債除以股東權益計算得出的比率（計算負債淨值比時，分母能以資產代替股東權益）。

負債淨值比＝負債 ÷ 股東權益

如果仔細去想公式就會發現，負債淨值比會反映出股東權益能承擔多少負債。舉例來說，負債淨值比如果是 150%，代表負債比股東權益多 1.5 倍。如果負債比公司賺的錢或股東投資的錢還多，那公司有可能一個不小心就償還不了債務。因此，

我們可以這麼理解：負債淨值比越大，公司無法償還債務的風險就越大。

2. 股東權益比率

股東權益比率（shareholder's equity to total assets）會反映出，總資產中股東權益所占的比率。

股東權益比率＝股東權益 ÷ 總資產

3. 利息保障倍數

利息保障倍數（interest coverage ratio）會反映出，公司的營業淨利能支付幾次應支付債權人的利息。

利息保障倍數＝營業淨利 ÷ 利息費用

如果利息保障倍數是 5，代表公司透過營業活動賺的錢能支付五次利息。也就是說，我們能利用利息保障倍數，評估公司的利息支付能力，利息保障倍數越高，對債權人來說越有利。

盈利能力比率

　　盈利能力比率是一種會反映出公司營業成果的財務比率。一般來說，計算盈利能力比率時，會以公司的利潤除以總資產或營業收入等。盈利能力比率會反映出投資公司的資本的利用效率。

1. 資產淨利率

　　資產淨利率會顯示出，公司籌措到的負債和股東權益的利用效率如何，計算方法為：本期淨利除以公司的平均資產總額（或總資產）。

資產淨利率＝本期淨利 ÷ 平均資產總額（或總資產）
※ 平均資產總額＝（期初資產總額＋期末資產總額）÷2

　　由於屬於分子的本期淨利反映的是一整年的經營成果，但財務狀況表上的總資產卻是特定時間點的餘額，因此總資產必

須以某一期間的平均值來計算。

2. 銷售報酬率

銷售報酬率（return on sales）會反映出營業收入賺得了多少利潤，分子可代入營業毛利、營業淨利、本期淨利等利潤，分母則代入營業收入去計算。

毛利率＝營業毛利 ÷ 營業收入

營業淨利率＝營業淨利 ÷ 營業收入

稅後淨利率（純益率）＝本期淨利 ÷ 營業收入

3. 每股盈餘

每股盈餘（earning per share： EPS）是一種會反映出普通股每股能賺多少公司利潤的指標。一般來說，淨利越多，公司的股價也會跟著上漲，因此我們可以說，每股盈餘變高，該公司的股價也會隨之上漲。

計算每股盈餘時，分子為本期淨利扣掉特別股股本的金額，分母則為加權平均普通股流通在外股數。每股盈餘是個人投資股票時，常常會提到的財務比率之一，知道的話在各方面都會很有幫助。

每股盈餘＝（本期淨利－特別股股本）÷ 加權平均普通股流通在外股數

　　計算每股盈餘在會計也屬於高難度範疇，各位不用太煩惱要怎麼計算。而且，如果是有公布財報的公司，損益表最下面都會清楚標示出每股盈餘為多少，各位也不用自己去算。

　　下表是三星電子 2016 年合併損益表的部分內容。2016 年三星電子的每股盈餘為 157,967 韓元。

三星電子合併損益表部分內容

所得稅費用	28	7,987,560		6,900,851	
Ⅵ 本期淨利			22,276,092		19,060,144
歸屬於母公司業主之權益		22,415,655		18,694,628	
非控制權益		310,437		365,516	
Ⅶ 每股盈餘	29				
基本每股盈餘（單位：韓元）			157,967		126,305
稀釋每股盈餘（單位：韓元）			157,967		126,305

資產管理比率

資產管理比率是什麼？

　　資產管理比率又稱為資產周轉率，是一種能衡量公司的資產運用效率的財務比率，計算單位為次數，其意味著某一資產每單位能賺多少次利潤。

　　如果某家餐廳在某一期間內，每桌都會很迅速地換成下一批客人，我們會說「座位周轉率（翻桌率）很高」。翻桌率越高，就能賣越多的食物，所以營業收入也會增加，我們可以把資產周轉率想成和翻桌率是類似的概念，就會比較好理解。

總資產周轉率及股東權益周轉率

　　總資產周轉率（asset turnover ratio）為營業收入與平均總資產的比值。我們能利用總資產周轉率來衡量，使用每一單位的資產時，能創造多出多少營業收入。

總資產周轉率＝營業收入 ÷ 平均資產總額

※ 平均資產總額＝（期初資產總額＋期末資產總額）÷2

　　我們當然可以解釋成，總資產周轉率越高，表示公司越是有效的在利用總資產。

　　與總資產周轉率類似的概念為股東權益周轉率（equity turnover ratio），股東權益周轉率為營業收入與平均股東權益的比值。

股東權益周轉率＝營業收入 ÷ 平均股東權益
※ 平均股東權益＝（期初股東權益＋期末股東權益）÷2

存貨周轉率與存貨平均周轉天數

　　存貨周轉率是營業成本與平均存貨的比值，會顯示出每單位存貨能賺得多少利潤、公司的最終存貨管理效率如何。

存貨周轉率＝營業成本 ÷ 平均存貨
※ 平均存貨＝（期初存貨＋期末存貨）÷2

　　存貨周轉率高，代表可銷售出更多同等量的存貨。因此，我們可以說：該公司有在有效運用存貨。

　　此外，還有一種財務比率叫「存貨平均周轉天數」，表示存貨轉換成現金所需要的時間。存貨平均周轉天數的公式為365天除以存貨周轉率，我們可以想成：存貨平均周轉天數會反映周轉一次存貨、將存貨轉換成現金所需的時間。

存貨平均周轉天數＝ 365 天 ÷ 存貨周轉率

　　除了上面提到的例子，還有其他各式各樣的財務比率，我們可以從財務報表中挑出數字、輕鬆地算出財務比率。因此，在確認公司的收益性和風險等時，財務比率將會非常地有幫助。但在分析財報、做決策時，財務比率僅適合用作參考資料，因為它們只是分析了過去的資訊而已，並沒有辦法完美預測公司的未來。

高寶書版集團
gobooks.com.tw

RI 330
越讀越入迷的會計書
읽으면 읽을수록 빠져드는 회계책

作　　　者	權載姬
譯　　　者	金學民
特約編輯	宋方儀
助理編輯	陳柔含
封面設計	林政嘉
排　　　版	趙小芳
企　　　劃	何嘉雯

發 行 人　朱凱蕾
出　　版　英屬維京群島商高寶國際有限公司台灣分公司
　　　　　Global Group Holdings, Ltd.
地　　址　台北市內湖區洲子街 88 號 3 樓
網　　址　gobooks.com.tw
電　　話　（02）27992788
電　　郵　readers@gobooks.com.tw（讀者服務部）
　　　　　pr@gobooks.com.tw（公關諮詢部）
傳　　真　出版部（02）27990909　行銷部（02）27993088
郵政劃撥　19394552
戶　　名　英屬維京群島商高寶國際有限公司台灣分公司
發　　行　英屬維京群島商高寶國際有限公司台灣分公司
初版日期　2019 年 4 月

Original Title: 읽으면 읽을수록 빠져드는 회계책
The Accounting Book That Attracts You More And More As You Read It
Copyright © 2018 Kwon, Jae Hee
All rights reserved.
Original edition published by Gilbut Publishing, Co., Ltd., Seoul, Korea
Traditional Chinese Translation Copyright © 2019 by GLOBAL GROUP HOLDING LTD.
This Traditional Chinese edition published by arranged with Gilbut Publishing, Co., Ltd. through MJ
Agency

國家圖書館出版品預行編目（CIP）資料

越讀越入迷的會計書 / 權載姬著；金學民譯 . -- 初版 .
-- 臺北市：高寶國際出版：高寶國際發行，2019.04
　　面；　　公分 .--（致富館；RI 330）
譯自：읽으면 읽을수록 빠져드는 회계책

ISBN 978-986-361-645-0（平裝）

1. 會計學

495.1　　　　　　　　　　　　108001150